科學
圖書館
開啟孩子的視野

科學
圖書館
開啟孩子的視野

科學
圖書館
開啟孩子的視野

科學
圖書館

開啟孩子的視野

原來科學家這樣想 1

如果你跑得和光一樣快

汪詰 著　龐坤 繪

目錄

爲有源頭活水來 —— 閱讀科普樂趣多

簡麗賢／北一女中物理科教師

　　愛因斯坦的名言：「想像力比知識重要。」然而，若要增強想像力，不能只空思冥想，閱讀不可或缺。例如，廣泛閱讀科普書籍，可以從科普書中獲得科學知識和思維，成為想像力的源頭活水，也能汲取閱讀的樂趣。

　　光是什麼？光速多快？如何測出光速？光具有哪些特性？如果我們跑得和光一樣快，甚至比光速快，這世界會變成怎樣？如果光不是直線前進，光會轉彎，這世界又如何？以上的問題，包含科學知識和思維，也包含想像空間，是非常有趣的知性主題。如果臺灣的電視臺能製作科學知識與思維主題的談話節目，該有多棒啊！相信能帶動全民理性思考，跳脫理盲濫情的窠臼。

　　感謝讀書共和國快樂文化出版《原來科學家這樣想》三冊系列科普書，筆者有幸先睹為快，閱讀的樂趣源源不絕。在此臚列與略述《如果你跑得和光一樣快》的梗概，以及閱讀此書獲得的源頭活水，提供讀者參考。

其一，本書共十章，主題包含「科學家測量光速」的故事、「愛因斯坦相對論」淺談、「牛頓萬有引力」效應、「孿生子弔詭」的宇宙謎案、「黑洞、白洞和蟲洞」、「宇宙大霹靂和重力波」、「暗物質和暗能量」等。單元主題內容環環相扣，著重科學發展脈絡與思維，讀來趣味盎然，欲罷不能。

例如，閱讀「孿生子弔詭」，了解光速如何影響孿生兄弟，時空不同，歲月催人老。閱讀「黑洞、白洞和蟲洞」後，初步了解巨大質量的黑洞，聯結電影《星際效應》的諸多情節。「蟲洞」可能引發讀者想起韓劇《來自星星的你》，穿越時空的蟲洞，不僅具數學推論，更是劇作家撰寫科幻劇本的源頭活水。

其二，本書「不可思議的光速」、「萬有引力和重力彈弓效應」、「宇宙大霹靂和重力波」、「令人驚嘆的宇宙」等四章的內容正好契合臺灣現行的108課綱學習主題，可作為高中學生閱讀物理和地球科學的補充教材。

例如，教育部課綱中，高中學生必修物理的學習內容「伽利略對物體運動的研究與思辯歷程」、「克卜勒行星運動三大定律發現的歷史背景及內容」、「歷史上光的主要理論有微粒說和波動說」、「牛頓運動定律結合萬有引力定律可用來解釋克卜勒行星運動定律」、「光子和電子以及所有的微觀粒子都具有波粒二象性」、「天文學家發現遠方的星系都遠離我們而去，推知宇宙正在膨脹」、「目前宇宙形成的學說以霹靂說為主流」等，皆可在這本書中找到對應的內容。高中教師可將此書列入高一新生入學前的暑假讀物建議書單，更可以列為提升高中

科學班、數理資優班學生閱讀與表達能力的科普書。

　　其三，閱讀這本書，不只讀故事和吸收知識，更能開拓科學視野，啟迪科學思維。每單元的主題結束後，提供讀者中肯鏗鏘的建言，如「科學猜想和胡思亂想不同，科學猜想可以透過觀察或實驗驗證」、「科學研究要耐得住性子。科學研究像一場馬拉松，抵達終點前必須一直努力」，提供莘莘學子省思。

　　從「想到」到「得到」，期間最重要的是「做到」。想要得到閱讀《如果你跑得和光一樣快》的樂趣，汲取科學研究的源頭活水，建議讀者一定要「做到」——翻開這本書沉靜地閱讀和反芻。

教孩子像科學家一樣思考

　　近兩年，每當我舉辦親子科普講座後，最多家長提問的問題是：「汪老師，能不能推薦幾本科普好書給我家孩子呢？」坦白說，此時我總是有點尷尬，因為我無法脫口而出，熱情地推薦某一本書。

　　回想我小時候看過的科普書，主題大多是「飛碟是外星人的太空船」、「金字塔的神祕力量」等「世界未解之謎」。現在看來，這些書的內容多半屬於偽科學，毫無科學精神可言。

　　當我有分辨科普書的能力時，已經快三十歲了，自然不會再看寫給青少年的科普書。後來，隨著女兒漸漸長大，我開始為她挑選科普書，這才發現，想找到一本讓我完全滿意的青少年科普書，竟然那麼難。雖然市面上有《科學家故事100個》、《10萬個為什麼》、《昆蟲記》、《萬物簡史（少兒彩繪版）》等優秀作品，但我希望孩子閱讀科普書不僅能掌握科學知識，還能領悟科學思維。所謂科學素養，包括科學知識和科學思維，兩者相輔相成，缺一不可。只有兩者均衡發展，才能有效提升個人的科學素養。

也就是說，科學知識要學，但不能只學科學知識；科學家的故事要看，但也不能只看科學家的故事。

比科學故事更重要的是科學思維。

因此，我想寫一套啟發孩子科學思維的叢書，為他們補充並強化科普知識。

跟孩子講如何學習科學思維，遠比成人困難得多，因為科學思維講求邏輯和實證，這些概念比較抽象。若想讓孩子理解抽象的概念，必須結合具體的科學知識和故事，而不是枯燥的說教。所以，給青少年看的科普書，首要重點是「好看」，沒有這個前提，其他都是空談。

在《原來科學家這樣想》這套叢書中，我會用淺顯易懂的語言、生動的故事，解答孩子最好奇的問題。例如：可能實現時間旅行嗎？黑洞、白洞跟蟲洞是什麼？光到底是什麼？量子通信可以超光速嗎？宇宙有多大？宇宙的外面還有宇宙嗎？……除了回答孩子的10萬個為什麼，更重要的是教孩子像科學家一樣思考。

科學啟蒙，從這裡開始。

伽利略測量光速

**伽利略進行了最早的光速測量實驗，
在他之前，大家認為光的傳播速度無限快。**

光，是宇宙中最常見，但又最神祕的自然現象，直到今天，我們依然不敢說了解光。

在我們的世界裡，光無所不在，因此很難想像，一個沒有光的世界將會是什麼樣子。

在漆黑的房間裡劃亮火柴的剎那，光瞬間傳播。

人類漫長的歷史中，大家一度認為光線的傳播不需要任何時間，也就是說，光的傳播速度無限快。這非常符合我們的常識。當你在漆黑的房間裡劃亮一根火柴，火柴發出亮光的一剎那，整個房間就亮了，沒有人會看到自己的手先亮起來，然後是自己的腳亮起來，最後再看到房間的牆壁慢慢顯現在黑暗中。當太陽從山後升起的一

剎那，地面上所有的東西都同時披上了金色外衣，誰也沒有看過陽光像箭一樣朝我們射過來。

但是，400多年前，義大利科學家伽利略（Galileo Galilei）不相信光的傳播不需要時間。伽利略猜想，我們感覺不到光的速度，一定是因為它跑得實在是太快了。

伽利略為什麼能成為世界歷史上最偉大的科學家呢？有一個重要的原因，就是他不僅止於想而已。每當有了一個猜想，伽利略總是想盡辦法，用實驗來證明它。你也想當科學家嗎？

伽利略·伽利萊（Galileo Galilei，1564～1642），義大利著名數學家、物理學家、天文學家和哲學家，近代實驗科學的先驅。

記住，想當科學家，就得先讓自己成為「實驗狂」，就像伽利略那樣。

那麼，伽利略如何以實驗證明光的速度有限呢？

在一個月黑風高的夜晚，伽利略一行四人，分成兩組，爬到兩座相距很遠的高山頂上。每組人的手裡都拿著一盞煤油燈和一個鐘擺計時器。可憐的古人，那時候還沒有發明手電筒和電子錶，能發出光亮的東西通常只有火把和煤油燈。

伽利略在煤油燈外面套上一個罩子，只要罩子一拉開，光就會照射

出來，罩子一蓋住，光就滅了，好歹算是做出一個簡陋的手電筒。

伽利略的智慧過人，他很清楚，由於光速太快，想要靠這麼簡陋的裝置測量光速極為困難，但是他想到統計學的方法消除誤差。他很清楚，在打開、關閉煤油燈的過程中，必然會有很多來自各方面的誤差，要消除這些誤差，可以重複做大量的實驗，然後取平均值。重複次數愈多，愈能夠接近真實數值。

想想看，就在那樣一個漆黑的夜晚，74歲的伽利略老先生和他的夥伴們在相距很遠的兩座高山上，不斷地打開、關上煤油燈，試圖記下光傳播所需要的時間。這是一幅多麼勵志的畫面啊！

然而，伽利略失敗了，想要用這種辦法測量光速，就好像你拿一條裁縫用的皮尺，量頭髮有多粗，這幾乎做不到，因為頭髮太細，而皮尺上的刻度又太大了。

若想讓實驗成功，光有蠻力並不夠，還必須有正確的方法和足夠的耐心。

伽利略一直到去世，也沒能測量出光速。

月黑風高的夜晚，伽利略和他的夥伴在山上做實驗。

羅默證明光速有限

羅默用天文觀測證明光速有限，
並首先估算出光速每秒22.5萬公里。

奧勒・羅默（Ole Christensen Romer，1644～1710），丹麥天文學家，是第一個準確地估算出光速的人。

伽利略去世後30多年，也就是1675年左右，人類終於首次證明光具有傳播速度。這項榮譽要授予丹麥天文學家羅默（Ole Christensen Romer）。

羅默特別喜歡觀測木星。木星有四顆衛星，從地球看過去，有時候這些衛星會轉到木星的背面，產生如同我們在地球上看月食的現象 —— 木星的衛星慢慢地消失，然後又在木星的另一側慢慢出現。羅默觀察木星的「月食」現象整整9年，累積大量的觀測資料。

當地球靠近木星，木星發生「月食」的時間間隔會縮小；
當地球遠離木星，木星發生「月食」的時間間隔會變大。

他驚奇地發現，當地球逐漸靠近木星時，木星「月食」發生的時間間隔會逐漸縮短；而當地球逐漸遠離木星時，木星「月食」發生的時間間隔會逐漸拉長。這個現象太神奇了，因為根據當時人們已經掌握的定理，衛星繞木星的運轉週期固定，不可能忽快忽慢。羅默經過思考，突然想到：這不正是光速有限的最好證據嗎？因為光從木星傳播到地球而被我們看見，需要時間，那麼地球離木星愈近，光傳播的時間就愈短，反之則愈長，這用來解釋木星的「月食」時間間隔不均現象，真是再恰當不過了。羅默的計算結果是光速為1秒22.5萬公里，已經接近準確數據。

羅默最大的貢獻在於，他用詳實的觀測數據和無可辯駁的邏輯證明光速有限，並且精確地預言某一次「月食」發生的時間要比其他天文學家計算的時間晚10分鐘，結果與羅默的預言分毫不差。從此，整個物理學界都認同光速有限。

但是，在此後的100多年中，依然沒有任何一個人能用實驗的方法測量出更精確的光速。直到一位法國人出現，才解決這道世紀難題，他就是法國科學家菲左（Armand Fizeau）。

衛星之王

木星的體質與質量是太陽系八大行星中最大，因為強大的引力，直到2019年之前，木星的衛星數量都是太陽系第一名，有79顆衛星之多。不過2019年國際天文學聯合會（International Astronomical Union）小行星中心（Minor Planet Center）發現20顆土星衛星，使土星衛星總數達到82顆，衛星之王這個稱號自此就換成土星了。

菲左成功測量出光速

菲左是第一個在地面上測量光速的科學家，
他計算出光速每秒31.5萬公里。

阿曼德‧菲左（Armand Fizeau，
1819～1896），法國物理學家，
最重要的科學成就是用旋轉齒輪
法測出光速。

菲左有什麼先進科技嗎？當然沒有，160多年前，電燈都還沒發明呢！菲左只用到一支蠟燭、一面鏡子、一個齒輪和一架望遠鏡就成功地測出光速。所以，只要想法妙，就不怕題目刁。

菲左的絕妙實驗到底怎麼做的？

首先，蠟燭的光穿過齒輪的一個齒縫射到一面鏡子上，然後光會被反射回來，我們在齒輪後面觀察。你想一下，如果齒輪是不轉的，那麼反射

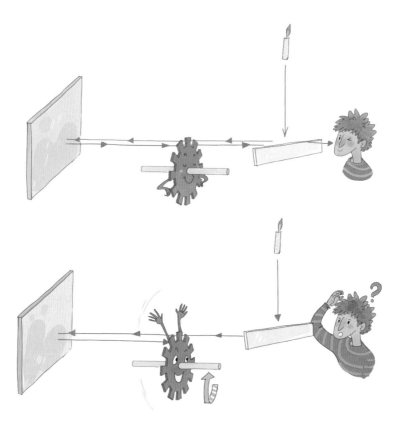

| 菲左測量光速的實驗。 |

回來的光沿原路返回，仍然通過同一個齒縫被我們看到。現在，你開始轉動齒輪，在轉速比較慢的時候，因為光速很快，光仍然會通過同一個齒縫反射回來。但是當齒輪愈轉愈快，到一個特定的速度，光返回的時候，這個齒縫剛好轉過去，於是光被擋住，我們就看不到那束光。當齒輪的轉速繼續加快，快到一定程度時，光返回的時候恰好又穿過下一個齒縫，於是我們又能看見。這樣的話，我們只要知道齒輪的轉速、齒數，還有我們的

眼睛到鏡子的距離，就能計算出光速了。

　　這個實驗最巧妙的地方在於，它不需要計時器，之前所有的測量光速實驗都失敗的根本原因，就在於找不到有足夠精準度的計時器。

　　但是你們也別以為菲左的實驗過程很輕鬆，事實上，因為光速實在太快，菲左只能不斷地拉長光源到鏡子的距離，這樣就更要求光源的強度，還要不斷地增加齒輪的齒數 —— 如果齒數太少，精密度也不夠。就這樣，在菲左不懈的努力下，當齒數增加到720齒，光源距鏡子的距離長達8公里，轉數達到每秒12.67轉的時候，菲左歡呼一聲，他首次看到光被擋住而消失；當轉速提高1倍以後，他再次看到光。菲左終於得到勝利，他計算出光的速度是1秒31.5萬公里，與我們今天知道的光速1秒30萬公里已經非常接近。

　　光的速度實在是太快，但如果僅僅是快，並不能稱為「不可思議」。又過了100多年，對光速進行深入研究後，科學家發現更神奇的現象。

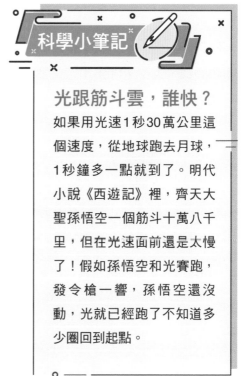

光跟筋斗雲，誰快？

如果用光速1秒30萬公里這個速度，從地球跑去月球，1秒鐘多一點就到了。明代小說《西遊記》裡，齊天大聖孫悟空一個筋斗十萬八千里，但在光速面前還是太慢了！假如孫悟空和光賽跑，發令槍一響，孫悟空還沒動，光就已經跑了不知道多少圈回到起點。

如此怪異的光速

> 邁克生與莫立發現，光的速度不受地球運動方向的影響，
> 不論地球是朝向或遠離太陽運動，光速完全一樣。

　　美國科學家邁克生（Albert Abraham Michelson）和莫立（Edward Morley）在19世紀末做一個著名的實驗，哪知道實驗結果把包括他們在內的所有科學家都嚇了一大跳，這就是歷史上赫赫有名的邁克生－莫立實驗（Michelson-Morley experiment）。

　　他們原本想透過這個實驗證明，光速會受到地球在太空中運動方向的影響。地球好像一列火車，行駛在環繞太陽公轉的軌道，日夜不停地帶著我們奔跑。因為這個軌道的形狀不是正圓形，而是橢圓形，所以地球在一年四季中，有時候是朝著遠離太陽的方向運動，有時候是朝著接近太陽的方向運動。那麼，當地球朝向太陽運動時，陽光相對於我們的速度應該更快一點；當地球遠離太陽運動時，陽光相對於我們的速度就應該變得慢一些。想像一下，你和另外一個朋友在操場上，兩人面對面地跑起來，是不

是很快就會迎面相遇？如果他來追你，就要花更多的時間才能追到你。這原本是一件天經地義的事情。

可是，實驗卻發現，光的速度居然完全不受地球運動方向的影響，不論地球朝向太陽運動，還是遠離太陽運動，光速都完全一樣。這件事情實在令人不可思議。想想看，假如你是一束光，當你要去追另外一個朋友的時候，不論他是衝著你跑過來，還是背對你拚命地逃，你抓住他的時間總是不變。

剛開始，幾乎所有的科學家都認為這實在太邪門，怎麼可能呢？一定是哪裡出問題？沒有什麼事情能比光速更讓科學家感到抓狂，有些人甚至

"" 愛德華‧莫立（Edward Morley，1838～1923），美國物理學家、化學家，他與邁克生一起合作完成了著名的邁克生－莫立實驗。 ""

"" 阿爾伯特‧亞伯拉罕‧邁克生（Albert Abraham Michelson，1852～1931），波蘭裔美國籍物理學家，因發明精密光學儀器，以及借助這些儀器在光譜學和度量學的研究中所做出的貢獻，在1907年獲得諾貝爾物理學獎。 ""

想把邁克生和莫立抓起來拷問，讓他們老實交代，到底有沒有搞錯。

可憐的邁克生和莫立，其實他們自己也被實驗弄得焦頭爛額。

後來的幾十年，科學家設計一個又一個實驗，千百次地反覆驗證，最終證明，無論在什麼情況下，光的速度都不會有變化。光，永遠用同樣的速度日夜不停地奔跑著，既不會停下來，也不會改變奔跑的速度。這就好

不論我們坐在火車上，還是火箭上，光永遠在用同樣的速度遠離我們而去，我們永遠也追不上光。

像有個小孩一直在奔跑，但是奇怪就奇怪在，不論我們站在馬路上、坐在火車上，或者坐在火箭上，這個小孩永遠都用同樣的速度遠離我們而去。我們永遠不可能追上這個小孩。

人類終於發現，光速是宇宙中永恆不變且最快的速度。

測量出令人不可思議的光速，是人類對自然規律的一項重大發現，這將帶來一連串更加令人震驚的發現，這又是什麼樣的發現呢？

科學動動腦

現在你很容易就能買到雷射筆，它可以發出一道細細的光束，傳播到很遠的地方。另外，還可以買到光纖，利用它，可以讓光沿著幾乎任意方向的路線傳播。那麼，你能不能利用這些最新的現代產品，設計一個測量光速的實驗呢？

學習筆記

第 2 章

時間和長度
都是相對

假如我跟光跑得一樣快

大膽提出光速不變的人，
就是偉大的科學家愛因斯坦。

> 阿爾伯特‧愛因斯坦（Albert Einstein，1879 ～
> 1955），猶太裔物理學家，因為發現光電效應
> 而獲得 1921 年諾貝爾物理學獎。他創立了相對
> 論，為核能開發奠定理論基礎，被公認為是自
> 伽利略、牛頓以來最偉大的科學家。

20 世紀初，雖然已經有很多的實驗證明，無論在任何情況下，我們都無法觀察到光速發生變化，但這個現象太過於奇妙，也違反常識和直覺，因此當時的科學界普遍不相信、不接受。這時敢大膽提出光速不變的人，就是科學家愛因斯坦（Albert Einstein），他的觀念轉變是從一個思想實驗開始。

什麼是思想實驗？這是一種在大腦中進行的實驗，不需要任何器材，只要閉上眼睛想像就可以了。

　　1905年，26歲的愛因斯坦默默地思考著一個前人從未想到過的問題：假如我和光跑得一樣快，當我經過一個光源，在經過的剎那，光源亮起，我將看到什麼呢？

　　這個問題困擾了愛因斯坦很久：如果按照人們對運動的傳統認知，

| 抖動一根長繩，繩子的運動過程就像波的軌跡。 |

我將看到一束相對於我來說是靜止的光。但是，愛因斯坦覺得這根本不可能，因為光是一種電磁波。什麼是波？舉個例子，你拿著一根長繩，然後抖一下，是不是看到，在繩子上形成一個凸起的波峰一直傳遞下去？繩子上的一個點運動必然會帶動下一個點跟著運動，於是這麼傳遞下去就形成了波。光波的本質是電場和磁場的交替感應，有點像軍人報數，聽到1的

人一定要報2，聽到2的人一定要報3，這是不可破壞的規則。一束靜止的光，就好比軍人聽到1不報2，大自然的規則豈不是被破壞了？

最後，愛因斯坦不得不提出一個大膽的假設：光速相對於任何觀察者來說，一定永恆不變。這意謂著什麼呢？如果一個人在一列以速度v行駛的火車上，用手電筒打出一束速度為c的光，那麼在月台上的人看來，這

束光的速度難道不應該是 $c+v$ 嗎？但如果真的是 $c+v$ 的話，明顯又和我自己的假設衝突。看來我要嘛放棄簡潔優美的速度合成法則，要嘛放棄我頭腦中對於速度的既有理解。

如果一隻小鳥也在車廂裡以 w 的速度飛，在月台上的人看來，小鳥的速度顯然應該是 $v+w$，對這個結論，現在沒有人會否認。但是，憑什麼我們對小鳥的結論也硬要套用在光的頭上呢？我們對光速的認識太淺薄了，

如果一隻小鳥在車廂裡以 w 的速度飛，
在月台上的人看來，
小鳥的速度顯然應該是 $v + w$。

相對於光速，不論是小鳥還是火車，其速度都低得可以忽略不計。我們生活在一個速度低得可憐的世界裡，在這個世界裡總結出來的規律，難道也適用於高速世界嗎？在火車上的人和月台上的人，看到的光，其速度仍然是 c，這個結論之所以讓我們感到奇怪，是因為我們一廂情願地把自己在低速世界的感受直接延伸到高速世界，但事實超出想像。我們應該果斷地拋棄舊觀念，接受新觀念。

　　想到這裡，愛因斯坦不再糾結了，他決定斷然地接受光速恆定不變這個新觀念，以此為基石，繼續往下推演，看看到底會得到什麼結論。不論這些結論是多麼光怪陸離，我們至少應該有勇氣往下想，因為再奇怪的結論都可以交給實驗物理學家檢驗真偽。現在，我將帶著你繼續思想實驗，看看如果光速不變，到底又會產生什麼樣的神奇現象呢？

時間不是永恆不變

根據光速不變的假設，
愛因斯坦得出令人吃驚的結論：時間是相對的。

想像你駕駛一艘太空船，它正以接近光速的速度飛行。

假設我站在地面上，看著你的太空船。在這個思想實驗中，你需要假設我是千里眼，不論多遠都能看清你的太空船。

現在，請打開太空船大燈，讓光照亮你前進的軌道。請想像一下，站在地面上的我，會看到什麼樣的景象呢？

因為太空船大燈射出的光，在我眼裡的速度是1秒30萬公里，而太空船的速度接近光速，所以，我會看到太空船和這束光幾乎齊頭並進，慢慢拉開距離，太空船只比光稍微慢了一點。

接下來，重點來了，我們切換視角，請你想像一下，坐在太空船駕駛艙中的你會看到什麼樣的景象呢？

因為光速在任何情況下皆永恆不變，所以，在太空船中的你也依然會

從地面看，太空船和光一開始是齊頭並進，慢慢地，太空船會比光落後一點。

看到，光正以1秒30萬公里的速度離你遠去。剎那間，光就跑到很遠、很遠的地方。

繼續往下閱讀之前，我希望你稍微思考一下，上面所說的兩種情況，仔細想想，有沒有覺得奇怪。

假設太空船的速度非常接近光速，在地面上的我，等了1小時才看到太空船和光拉開30萬公里的距離，而在太空船上的你看到的情況可就完全不同了。你只是眨了眨眼睛，僅僅過去1秒鐘，就看到太空船與光拉開30萬公里的距離。如果這一切都是真的，豈不是我的1小時相當於你的1秒鐘嗎？

而且，在這個例子中，顯然太空船的速度愈接近光速，我的時間愈顯得比你的時間長。這麼奇怪的事情是真的嗎？難道說「太空船船一日，地上一年」是真的嗎？

是的，根據光速不變的假設，愛因斯坦得出令當時所有科學家都大吃一驚的結論：時間不是永恆不變，處在不同運動速度狀態下的物體，它們所經歷的時間，流逝速度不同，也就是說，時間是相對的。

愛因斯坦不但提出時間是相對的這個結論，還精確地說明時間和速度之間的變換公式，根據他的數學公式，我們可以計算出，如果有一架飛機以每秒300公尺連續飛100年的話，當飛機上的乘客在100年後走下飛機，他們會比地面上的人年輕大約26分鐘18秒。

坐在太空船中的駕駛員看到，
光仍然以每秒30萬公里的速度衝向前方。

檢驗時間相對性的實驗

美國科學家哈弗勒和基亭，
在1971年用實驗證明「時間是相對的」。

愛因斯坦剛宣布這個結論時，幾乎沒有人相信，大家都覺得不可能，時間怎麼可能是相對的呢？很多人覺得，思想實驗畢竟是假想出來的實驗，除非做一個真正的實驗出來，否則他們就不相信時間是相對的。但要真正實驗，談何容易啊！

科學家努力不懈，1971年，終於有人實驗成功，這時，愛因斯坦已去世16年。

美國科學家哈弗勒（Joseph Carl Hafele）和基亭（Richard Keating），他們帶了全世界精密度最高的銫原子鐘（這種超精確的鐘600萬年才會誤差1秒），先後兩次從華盛頓的杜勒斯機場出發，乘坐一架民航客機做環球航行，一次自西向東飛，一次自東向西飛。兩次飛行，一次花了65小時，一次花了80小時。落地後，他們與地面上的銫原子鐘比較，實驗資

美國科學家哈弗勒和基亭帶上鉋原子鐘，坐飛機環球飛行，一次自西向東飛，一次自東向西飛，落地後與地面的鉋原子鐘比較，結果證明時間相對性是正確的。

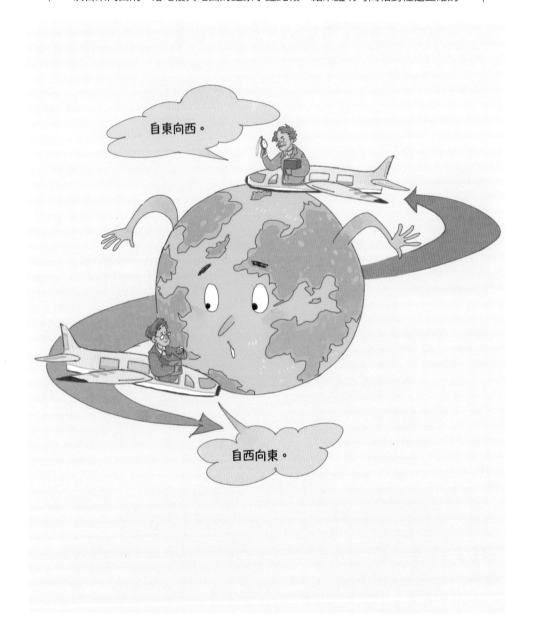

料與相對論的計算結果幾乎吻合。

　　愛因斯坦之所以偉大，是因為他不僅預言飛機上的時間會變慢，還精確地計算會變慢多少，並得出一個非常準確的數字。在科學研究中，我們把「時間會變慢」稱為「定性」，即確定一件事情的性質；而把「時間到底會變慢多少秒」稱為「定量」，即確定一件事情的具體數量。

 想要做研究，只定性並不足，還必須定量，甚至定量比定性更重要。

　　有時候，你可能會在生活中聽到各種說法，比如說瓜子吃多了會上火、冷水喝多會拉肚子等，這些說法叫定性，沒有定量。下次你再聽到的時候，可以追問，吃多少才叫多呢？吃多少顆瓜子會上多少數量的火呢？多少度的水算是冷水呢？喝多少才算多呢？如果能這樣想，就說明你慢慢地開始像一個科學家那樣思考了。實際上，吃瓜子會上火、喝冷水會拉肚子都是沒有科學依據的說法，也沒有得到實驗證明。不過，無論什麼東西，吃得過量都不好，瓜子和冷水也不例外，最重要的都是適可而止。

相對論不能長生不老，
但可以一夜暴富

> 如果你的壽命是100年，你一直在太空船上飛，
> 當你回到地球時，無論地球經過多久，
> 你仍然只能感受到自己生命中的100年。

愛因斯坦是世界上第一個打破傳統時間觀念的人，非常了不起。「太空船一日，地上一年」，可能實現。不過，如果你因此覺得可能長生不老，那就錯了。

因為在太空船上飛了1年回來後，地球確實可能過去了200年，但是對於你自己的感受來說，你還是只活了1年，不會多1秒，也不會少1秒。如果你的壽命是100年，你一直在太空船上飛，當你回到地球的時候，地球過去了2萬年，但是對於你自己來說，仍然只能感受到自己生命中的100年。你只不過是用自己的一生，驗證向前穿越2萬年是可行的。

所以，愛因斯坦的理論並不能讓我們延長壽命，但卻有可能讓人一夜致富。怎麼做呢？

假設，你現在購買1萬元的理財產品，假設年化報酬率是8%，現在，你登上一艘速度為99.999%光速的太空船，去另外一個星球度假。太空船的往返時間加起來5個月，當你回到地球後，地球已經過了大約100年，你當初的1萬元就變成了2200萬元。你沒有看錯，確實是這麼多。即便再扣除5%的通貨膨脹率，還剩下2068萬元。如果你運氣好，買了一個年化報酬率10%的理財產品，當你回到地球後，1萬元就變成了1.36億元。我絕對沒有開玩笑，這就是複利的力量。希望這個例子能讓你對相對論印象深刻。

按照愛因斯坦的相對論，我們花5個月去另一個星球度假，回來後，地球已經過了100年，你當初的1萬元變成2200萬元。恭喜你，你成為千萬富翁啦！

物體的長度也是相對

> 時間、長度都不是一成不變，
> 它們的數值會產生相對的變化。

在打破傳統時間觀念後，愛因斯坦並沒有停止思考，他接著用幾個漂亮的思想實驗，再加上數學推導，又得到一個令人驚訝的結論：物體的長度也不是一成不變，長度也是相對。比方說，一艘太空船在你的面前飛過，在你的眼中，這艘飛船就會變得很短，就好像一根彈簧被壓縮。速度愈快，看上去愈短。

如果愛因斯坦只是說，速度快了，物體看上去愈扁，那就只是定性。愛因斯坦的厲害就在於，他還能告訴你，速度增加多少數量，長度就會具體縮短多少數量，計算得非常精確。比如說，一列高鐵列車從你身邊行駛而過，在你眼中，它的長度會收縮多少呢？用愛因斯坦的公式一算，會縮短相當於針尖的一千萬分之一。

愛因斯坦的這些理論後來都被實驗證明正確，大家把這些理論稱為

一艘太空船在你眼前飛過，在你的眼中，這艘太空船就
像一根彈簧被壓縮。速度愈快，看上去就愈短。

「相對論」，時間、長度都不是一成不變，它們的數值都會產生相對的變化。你理解了嗎？這句話很重要喔，我不說「你相信嗎？」是因為科學理論都可以理解，那些神祕的所謂大師才總是問你相不相信。下次再有人問你相不相信，你就反駁他：有本事的話，你就說到讓我聽得懂啊！

　　不過，相對論的內容並不只這些，它還會對宇宙提出更多匪夷所思的預言，我們將在後面的章節慢慢揭曉。不過，為了讓你更容易理解這些神奇的預言，我要先帶著你們初步認識我們身處的宇宙。下一章，我們要離開地球，跟著「航海家號」（Voyager）和「新視野號」（New Horizons）遨遊太陽系。

| 傳說，伽利略曾在比薩斜塔上做自由落體實驗。 |

科學動動腦

2000多年前，希臘哲學家亞里斯多德（Aristotle）說，重的物體比輕的物體更快落下。這個觀點是對還是錯呢？是錯的。其實，要證明這個觀點錯誤，不需要跑到頂樓扔兩個重量不同的球，只需要一個思想實驗就夠了。伽利略想到了這個思想實驗，你能想到嗎？

第 3 章

跟著「航海家號」 和「新視野號」 遨遊太陽系

上一章的科學動動腦，你想出來了嗎？伽利略的思想實驗是這樣：如果把一個鐵球和一個木球綁在一起，從高處扔下來，假如重的物體落下得更快，那麼木球就會拉慢鐵球的下落速度。但是，木球和鐵球加起來的重量不是比單獨一個鐵球更重嗎？那豈不是應該總體落下得更快嗎？這顯然矛盾，所以，重的物體更快落下，一定錯誤。其實，重的和輕的物體在真空中落下的速度一樣快。

「航海家1號」的遠征

> 一次發射探射器，就可以拜訪四大行星，
> 這樣罕見的機會，平均176年才能遇到一次。

現在，我帶著你們離開地球，遨遊太陽系。

1977年8月20日這一天，美國太空總署（NASA）以及全世界的天文愛好者都激動難眠，因為「航海家2號」宇宙探測器將按照計劃發射升空。這次發射無比重要，其中還有另外一個原因。

太陽系有八大行星，其中水星、金星位於地球繞太陽公轉軌道的內側，而火星、木星、土星、天王星、海王星則位於地球繞太陽公轉軌道的外側，這些大行星與地球一起圍繞太陽公轉，每顆行星的公轉週期都不同。所以，在絕大多數時候，這些行星都像是天王撒豆子一樣散落在太陽系各處，從地球上看來，每顆行星都在不同的方向，我們每次發射探測器只能造訪一顆行星，因為在宇宙中，探測器依靠慣性飛行，一旦發射出去，就沒有動力自行轉彎。

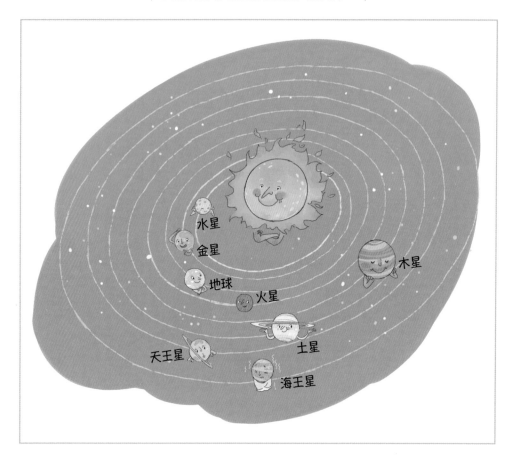

太陽系的八大行星都在圍繞太陽公轉。

水星
金星
地球
火星
木星
土星
天王星
海王星

　　就在1977年，一個百年難遇的絕佳視窗期出現，如果在這一年發射探測器，差不多2年後就能到達木星；再2年，當抵達土星軌道時，不偏不倚，土星也剛好經過探測器所在的位置。4年半和3年半後，同樣的巧合將再次出現在天王星和海王星軌道上。當然，在科學家看來，這不是巧合，而是經過精心計算的結果，一次發射，可以拜訪四顆大行星，像這樣罕見的機會，平均每176年才能遇到一次。

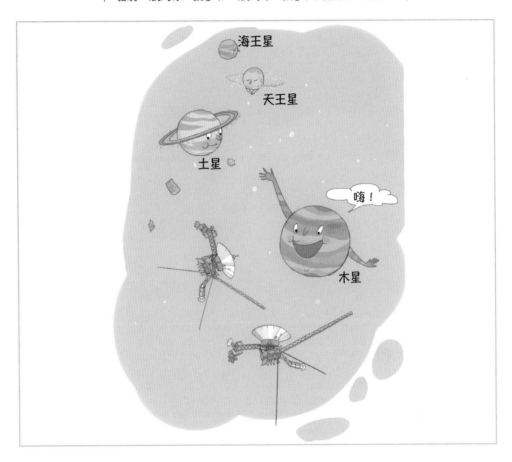

　　為了確保不浪費這次百年一遇的機會，NASA準備10多年，製造兩個一模一樣的探測器，分別取名為「航海家1號」和「航海家2號」。

　　「航海家1號」的起飛速度是民航客機飛行速度的70多倍，如果你坐上「航海家1號」從台北飛往高雄，不到20秒就飛到了，就是這麼快。

拜訪木星

> 「航海家1號」為我們揭開木星大紅斑的謎，
> 原來它是木星氣團中的一場巨型風暴。

　　我們的太陽系實在太大了，這麼快的「航海家1號」在太空中孤獨地飛行18個月，才抵達木星附近。這是一顆巨大的氣態行星，如果地球縮小成一顆玻璃球，那木星就像一顆籃球。木星其實是一個巨大的氣團，沒有堅硬的表面，你不可能站在木星表面，就好像你根本不可能站在雲上。

　　木星最顯著的特點，就是它的表面有一個巨大的像眼睛的紅斑，天文學家稱它為大紅斑。大紅斑到底是什麼呢？它一直是個謎，「航海家1號」終於為我們揭開謎團。原來它是木星氣團中的一場巨型風暴，大得足以把地球一口吞掉。但最令人驚訝的照片不是木星，而是「航海家1號」竟然拍攝到木衛一伊奧的地表正在噴發的火山，非常驚人，這也是人類第一次觀察到其他星球上的火山噴發。

木星表面有個大紅斑，它是木星氣團中的一場巨型風暴，大得足以把地球一口吞掉。

拜訪土星

土星的美麗光環，
其實是無數微小的冰塊和灰塵構成。

「航海家1號」飛過木星後，又孤獨地飛行20個月，終於抵達第二站 ── 土星。這是太陽系中長得最有特色的行星，從遠處看，土星就像戴著一頂草帽，它比木星小一點，明亮而美麗的光環圍繞著它。這些光環到底是什麼？這個謎題長久以來困擾人們。「航海家1號」又為人類揭曉答案，原來這些光環是由無數微小的冰塊和灰塵構成，它們反射太陽光，顯得非常明亮。其實，光環很稀薄，「航海家1號」探測器可以毫髮無傷地穿過光環。

然後「航海家1號」將觀測設備對準土星最大的一顆衛星 ── 比水星還大的土衛六，即泰坦星。在此之前，人們已經知道泰坦星有大氣，而大氣的存在，則意謂這顆星球上或許存在生命。所以，「航海家1號」拚了命地盡可能靠近泰坦，想透過大氣層看清楚它的地表。遺憾的是，泰坦星

| 土星美麗的光環是由無數微小的冰塊和灰塵所構成。 |

大氣層的厚度完全超出人們的預料，「航海家1號」的觀測設備無法穿透濃濃的大氣，看到它的地表，所以只能近距離拍攝泰坦的大氣層。泰坦星的祕密一直等到2004年「卡西尼－惠更斯號」（Cassini–Huygens）探測器到達後才澈底揭開。泰坦星的表面居然有液態甲烷構成的湖泊，非常驚人。

因為對泰坦星的近距離觀測，「航海家1號」已經偏離黃道面（ecliptic plane）[1]，不可能再飛到天王星和海王星，於是它終止探索行星的任務，繼續朝太陽系外飛去。

---

① 黃道面是地球繞太陽的公轉平面，八大行星的公轉平面差不多都與黃道面重合。

從太空看地球的最佳照片

動人的「暗淡藍點」照片，
提醒我們珍惜人類唯一的共同家園。

1990年2月14日，情人節，「航海家1號」已經飛到距離地球64億公里的地方。美國太空總署接受天文學家卡爾・薩根（Carl Sagan）的建議，動用「航海家1號」寶貴的電力，指揮它回眸一瞥，為我們的地球家園拍攝一張照片，這就是著名的「暗淡藍點」（Pale Blue Dot），它曾被票選為

> 卡爾・薩根（Carl Sagan，1934～1996），美國天文學家，曾任美國康乃爾大學行星研究中心主任，長期參與美國的太空探測計畫，在行星物理學等領域獲得許多重要成果，多次獲得雨果獎、艾美獎、艾西莫夫獎等重量級獎項，小行星2709就是以他的名字命名。

從太空看地球的最佳照片。在一片僅有幾道太陽光束的漆黑背景上，一粒灰塵一樣的小光點出現在照片裡。人類所有的歷史，一切的一切都發生在宇宙中這樣一顆微不足道的灰塵上。薩根博士寫道：「沒有什麼能比從遙遠太空拍攝到的這張我們微小世界的照片，更能顯示人類的自負有多愚蠢。」於我而言，這也是提醒我們的責任：相互間更加和善地對待彼此，維護和珍惜這個暗藍色的小點 —— 我們目前所知的唯一共同家園。

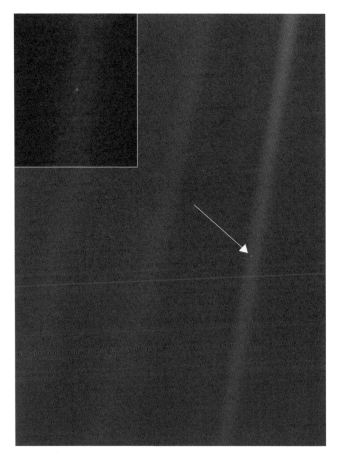

| 「暗淡藍點」照片，箭頭所指小點就是我們的地球，左上角是放大圖。 |

拜訪天王星和海王星

> **海衛一的間歇泉會像火山一樣噴發，**
> **只是噴發出來的不是岩漿，而是冰。**

「航海家2號」從土星飛到天王星，又花了4年半的時間。這裡離太陽極為遙遠，所以非常寒冷。天王星是一顆藍綠色的冰巨星，它的表面被凍得結結實實。如果地球縮小到像一顆玻璃球，那麼天王星就像乒乓球。

離開天王星，「航海家2號」又飛了8年半，才抵達海王星，它與天王星差不多大。在這裡，太陽光已經非常微弱。「航海家2號」在海王星的表面發現一塊神祕的巨大黑斑，這很有可能也是一場巨大的風暴，有點類似木星的大紅斑。令人驚奇的是，5年後，當人們用哈伯太空望遠鏡再次觀察海王星時，大黑斑神祕地消失。科學家至今仍然尋找其中的原因。

近距離探訪海衛一時，「航海家2號」拍攝到史上最清晰的海衛一照片。我們發現海衛一表面的間歇泉，這也可以看成一種冰火山。它像火山一樣噴發，但是噴發出來的不是岩漿，而是冰。

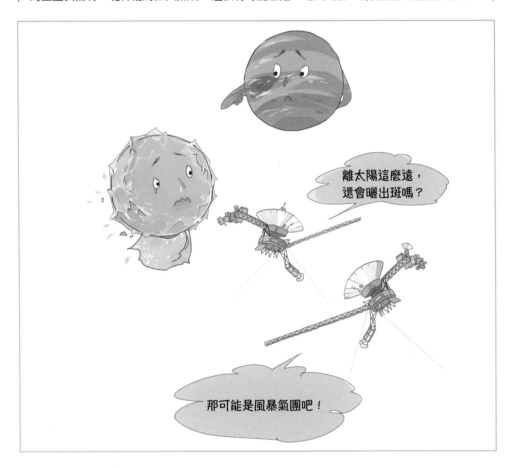

　　「航海家2號」離開海王星後，一頭扎進茫茫宇宙，朝著太陽系外繼續飛行。

　　在海王星的軌道外面，還有一顆神祕的星球等待人類拜訪，那就是冥王星。

「新視野號」的遠征

「新視野號」在2015年掠過冥王星，
象徵人類科學的偉大時刻。

把宇宙探測器送到冥王星附近非常困難，為什麼呢？第一，它離我們實在太遙遠，假如我們把從地球到月球的距離比作在操場上跑一圈，從地球跑到冥王星就需要跑一萬圈；第二，冥王星太小了，它比月球還小。

我們要發射一顆探測器，讓它飛行將近10年，準確地到達冥王星，就好比從台北一桿把高爾夫球打到位於新疆的球洞裡，難度可想而知。

2006年1月19日，美國佛羅里達州卡納維爾角，「新視野號」（又叫「新地平線號」）成功發射。45分鐘後，第三級火箭分離，「新視野號」脫離地球引力，朝木星飛去。它將在1年又1個月後抵達木星，然後借助木星的引力推進，飛向冥王星。這是一次超遠距離的一桿進洞表演。

光陰荏苒，9年多過去，時間終於走到2015年7月14日，台灣時間晚上7點49分，遠在40多億公里之外的「新視野號」一次性地掠過冥王

星。訊號以光速飛向地球上的巨型天線，4個多小時後，這些訊號將會告訴我們，這次飛掠行動是否成功。全世界有無數人正坐在電視機和電腦前，關注著飛掠行動。

｜「新視野號」探測器風塵僕僕、激動萬分地掠過冥王星。｜

　　忽然，訊號來了，一切正常，「新視野號」成功一桿進洞，全世界的天文愛好者都激動不已，這是人類科學又一次獲得勝利的偉大歷史時刻，工作人員流下激動的淚水。首席科學家史登剛剛接手這個專案的時候，才40歲出頭，現在已是滿頭白髮，他用27年才終於等到這一刻。

孩子，如果將來你想當科學家，就一定要耐得住性子。科學研究就像是一場馬拉松比賽，在抵達終點之前，必須一直努力。

揭開冥王星的神祕面紗

> 冥王星不但表面有冰川平原和山峰，
> 特別的是，冥王星的雪化了會變成天然氣。

冥王星的神祕面紗終於被「新視野號」揭開，並給我們一個大大的驚奇。過去，有些科學家認為冥王星的表面光滑平坦，有些則認為崎嶇不平，為此，他們爭論數十年。「新視野號」提供答案：冥王星的地貌多樣性令人驚嘆，有大片的冰川平原、綿延數百公里的山脈、深不見底的懸崖，還有白雪皚皚的山峰。當然，冥王星的雪跟地球的雪不一樣：地球的雪，化了會變成水；冥王星的雪，化了會變成天然氣。

如果有一天，人類登陸冥王星，我們會看到冥王星的天空也是藍色的，只是太陽昏暗得幾乎看不清，像燈泡一樣掛在黑藍的天空中。這裡不時飄起雪花，當然，這些雪花化了也變成天然氣。我們還能看到冰封的河道和湖泊，很有可能在幾億年前，這裡不是一個冰封的世界，到處都有流動的液體和波光粼粼的湖泊。

如果有一天，人類登陸冥王星，我們會看到冥王星的天空也是藍色的。

「新視野號」為我們解開冥王星的很多謎團，同時也留下更多謎團。例如，按照傳統的觀點，冥王星這麼小的天體應該很早就冷卻，不應該再有什麼地質活動，但是觀測證據卻顯示，這種觀點完全錯了，有兩個發現可以證明冥王星存在活躍的地質運動。

　　第一個證據是冥王星的平原上有流動的「冰」，而且有紋路，這說明平原下面有熱源，產生活躍的地質活動。

　　第二個證據是冥王星表面的撞擊坑分布極不均勻，有40多億年歷

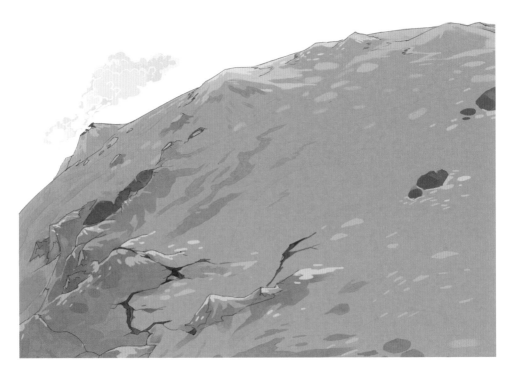

| 冥王星表面分布著撞擊坑。 |

史、飽受摧殘的古老表面，也有1億至10億年歷史的中年表面，還有幾乎沒有任何撞擊坑的大平原，年齡不會超過3000萬年，甚至可能更年輕。這麼大的地表年齡跨度是科學家始料未及，並充分證明冥王星有活躍的地質運動。但是，這些地質運動的能量來源是什麼呢？這就是「新視野號」留給我們的謎題了。

現在，「新視野號」已經離開冥王星，但是它還在源源不斷地把資料傳回地球，冥王星有許多謎團和更有趣的發現等待我們去探索。

人類對太陽系的了解還遠遠沒有到達盡頭，太陽系很大。假如把太陽系比作一個足球場，「新視野號」和「航海家號」都還沒有走出一隻胳膊的長度呢！廣闊的太陽系，等著人類征服。

科學動動腦

為什麼太陽系中所有的行星都會不停地繞著太陽一圈一圈地轉呢？

學習筆記

第 4 章

萬有引力和重力彈弓效應

牛頓的思想實驗

> 只要把石頭扔得夠快，
> 它將會一直繞著地球轉，根本停不下來。

生活在地球「下面」的人，
為什麼不會掉下去呢？

今天，我們每個人都知道，地球是一個大大的圓球形狀，飄浮在宇宙空間中。除了地球之外，還有水星、金星、火星、木星、土星、天王星、海王星、冥王星等，繞著太陽一圈又一圈地旋轉著。

然而，自古以來，有一個問題困擾著人們。在古時候，不只老百姓想不明白，就連那些著名的學者也都想不明白。

這個問題是：生活在地球「下面」的人豈不是頭朝下，腳朝上嗎？為什麼他們不會掉下去呢？

英國林肯郡伍爾索普村的莊園中，有一位22歲的年輕人坐在蘋果樹下思索這個古老的問題。那一年是西元1665年，年輕人叫做牛頓（Isaac Newton），這個名字日後響徹全世界。

你可能聽過這個故事：一個蘋果砸到牛頓的頭上，於是他頓悟萬有引力定律。這個故事聽起來很有趣，但它卻沒有依據。

> 艾薩克‧牛頓（Isaac Newton，1643～1727），爵士，英國皇家學會會長，英國著名物理學家。牛頓提出了萬有引力定律、牛頓運動定律，被譽為「近代物理學之父」。

 自然規律不可能靠靈機一動獲得，真實的思考過程哪有這麼簡單啊？

其實，這個問題牛頓想了很久。他這麼想：假如我站在一座高塔頂上，朝前方扔一塊石頭，那麼石頭會以一個拋物線的軌跡掉落在地上。我愈用力，石頭就會被扔得愈遠。而石頭能扔多遠，取決於石頭出手時的速度。牛頓在紙上畫下這樣一幅圖：

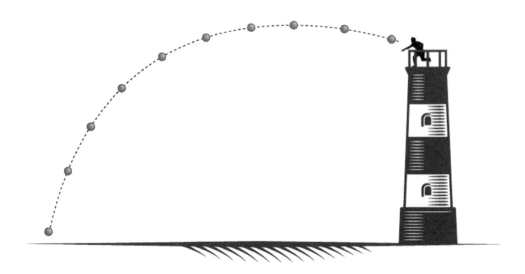

為什麼會是這樣的運動軌跡呢？牛頓找到了原因：飛行的石頭同時具備兩種運動，一種是朝著水平方向的運動，另一種則是垂直落下的運動。把這兩種運動合成在一起，形成拋物線的運動軌跡。

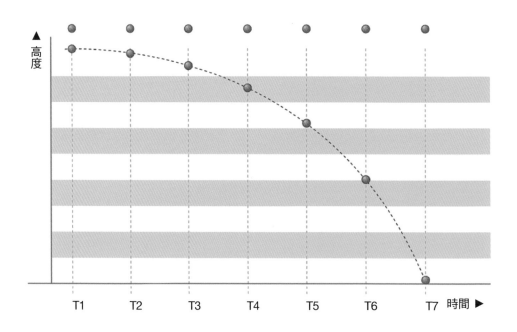

想到這個程度，並不算很厲害，伽利略也想過這一層。牛頓厲害的地方在於他的思考沒有停下來，他繼續想，因為地球是圓的，當石頭扔得很遠，達到一定程度，石頭豈不是趨向於繞著地球轉一圈而回到原地嗎？

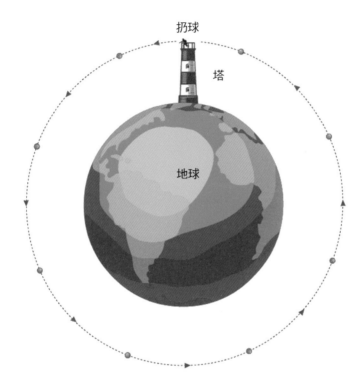

　　牛頓在草稿紙上反覆畫著草圖，最終，他想明白了，只要把這塊石頭扔得夠快，它將會一直繞著地球轉，根本停不下來，也永遠不會再掉回地面上。要維持這樣的一種運動，石頭必須受到地球穩定、均勻不變的力，而且此力可以隔空作用，指向地球的球心。牛頓把此力稱為「引力」。這好比你甩動一個鏈球，讓球在你的頭頂上方轉圈圈，你必須用手拉緊鏈子，施加一個牽引的力。那麼，繞著地球轉動的石頭也像被地球伸出的一根無形的線牽引著。

萬有引力

牛頓提出萬有引力的定量公式，
這是開啟人類認識宇宙的一把金鑰匙。

　　前面提到，牛頓想到引力，已經是天才的表現，但為什麼說牛頓是500年才出現一個的大師級人物呢？原因在於他的思考並沒有停下來，他還在繼續想。之前的那塊石頭是牛頓想像，並非真實存在，而且他也沒有能力扔出這樣一塊超級石頭。但有一天晚上，牛頓突然發現，地球的周圍不是正好存在這樣一塊「石頭」嗎？它不就是頭頂上的那一輪明月嗎？想到這裡，牛頓猛拍腦袋，興奮得跳起來。月亮就是一塊被地球的引力牽著的「石頭」，它繞著地球一圈又一圈地轉。這恰好解釋為什麼月亮不會掉到地球上。

　　一時之間，猶如醍醐灌頂，牛頓的眼前豁然開朗，一大堆困擾他已久的問題全都迎刃而解。人為什麼不會「掉出」地球？很簡單，地球的引力指向地心，每個人都被引力牢牢「抓」在地表上，雙腳指向地心。

但是，假如牛頓想到這裡就停止的話，我依然不會承認他是500年才出現一個的大師，他繼續思考，月亮繞著地球轉是因為地球對月亮的吸引力，同樣的道理，地球和所有的行星都繞著太陽轉，說明太陽對所有的行星也都有吸引力。既然如此，是不是意味著，大的天體對小的天體會產生吸引力呢？牛頓搖搖頭，天體隔著這麼遠，它們怎麼會知道誰大誰小呢？如果是兩個大小相同的天體，難道就沒有吸引力嗎？不，引力一定普遍存在於兩個天體之間，準確地說，應當是存在於所有物體之間。

| 萬有引力存在於所有物體之間。 |

我是地球

我是月球

我是太空

24歲的牛頓終於發現宇宙最基本的規律 —— 萬有引力。萬物之間都會相互吸引，就好像互相靠近的磁鐵一樣。只不過，這種吸引力非常微弱。想一想，地球那麼大，雖然把我們吸在地表上，可是我們只要輕輕一跳，就能對抗地球的吸引力。我們從地上撿起一個石塊，沒有花多大的力氣，就比整個地球對石塊的吸引力還要大。

想進一步理解萬有引力，我們必須掌握一個基本概念 —— 質量。

請問同樣大小的兩個球，一個是玻璃球，一個是鐵球，哪個重量較大呢？你可能脫口而出，當然是鐵球啊！但是，我要告訴你，這可不一定。比如，你把它們帶到國際太空站上，它們都會飄浮起來，這時你把它們拿在手裡，會感覺它們都沒有重量。或者，你在月球上秤一下鐵球，在地球上秤一下玻璃球，秤出來的重量有可能是玻璃球更重呢！

你一定感覺，鐵球應該比玻璃球包含的物質更多一些。對的，用來描述一個物體包含多少物質的物理量叫質量，同樣大小的鐵球和玻璃球，鐵球的質量永遠大於玻璃球的質量，不論把它們放到地球上還是太空中。我們又學習一個新概念：物體的重量大小不是一定，但質量大小卻是一定。在同樣的重力環境中，質量愈大的物體愈重。

如果只想到兩個物體之間有吸引力，這樣就只是定性，還沒有定量。前面說過，一個科學理論不但要定性，還要定量。牛頓的偉大之處在於，他最終提出萬有引力的定量公式。他發現，兩個物體之間引力的大小與它們的質量乘積成正比（成正比的意思是兩者同步增大），與距離的平方成反比（成反比的意思是距離愈大，引力愈小）。

$$F = G\frac{Mm}{r^2}$$

這是牛頓一生中重要的成就之一，其中 G 是萬有引力常數，M 和 m 是兩物的質量，r 是兩物的距離。這個公式是開啟人類認識宇宙的一把金鑰匙。看不懂沒關係，先熟悉這個公式，將來看到了，能認出來就已經比大多數人厲害。

　　太陽的質量大約是地球質量的33萬倍，而且它占了整個太陽系所有質量的99.86%。所以，太陽能夠牢牢地吸住地球和太陽系的所有行星。地球為什麼不會掉到太陽上呢？因為地球始終繞著太陽轉，只要不停下來，地球就不會掉到太陽上去。這就好像奧林匹克運動會上的鏈球選手甩動鏈球，只要選手不鬆手，鏈球就會一圈一圈地轉。

地球始終在繞著太陽轉，只有不停地轉動，地球才不會掉到太陽上去。

重力彈弓效應

> **如果沒有找到萬有引力定律，**
> **我們不可能讓探測器準確地飛向外星球。**

　　萬有引力現象啟發科學家：能不能利用星球的萬有引力加速太空船呢？答案是可以，這就是著名的「重力助推」（gravity assist）效應。還記得上一章說過的「新視野號」探測器嗎？在它飛往冥王星的途中，恰好經過木星。當「新視野號」靠近木星的時候，它就像那個鏈球，而木星就像鏈球選手。「新視野號」會被木星強大的萬有引力吸住，就好像選手抓住鏈球，萬有引力相當於選手手中的鏈子。「新視野號」被木星吸住之後，只轉了不到半圈就被拋出去。從遠處看過去，像是「新視野號」被撞飛，速度因此加快很多。感覺是不是很像打彈弓呢？所以，重力助推效應還有一個更常見的名稱 —— 重力彈弓。

　　還有一個更具象的比喻可以幫助你理解重力彈弓效應，你可以把木星想像成一列火車，它在環繞著太陽的軌道上高速行駛，而「新視野號」則

像一顆小小的玻璃球，當它和木星相遇的時候，就會被火車巨大的動量撞飛。當然，科學家有辦法讓它們不發生真實的碰撞而彈開。

「新視野號」離開木星後，速度增加，說明它的能量也增加，這些額外增加的能量是從木星身上偷來。這樣，木星的運行速度豈不是降低？沒錯，木星的運動速度確實降低一丁點，不過降低的這一點好像從大海中取走一杯水，完全可以忽略不計。

利用重力彈弓效應加速探測器的方法非常有效，只需要一點點燃料就

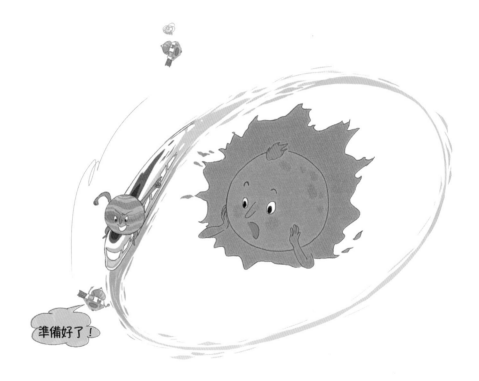

準備好了！

如果把木星想像成一列火車，它環繞著太陽進行高速轉動，而「新視野號」則像是一顆小小的玻璃球，當它和木星相遇的時候，就會被火車巨大的動量給撞飛出去，這種現象就是重力彈弓效應。

可以提高探測器到很快的速度。所以，每當我們發射探測器，只要能利用重力彈弓效應，就一定不會放過。

　　不過，你不要以為重力彈弓效應只是用來加速宇宙探測器，其實，它也可以減速宇宙探測器。這好像鏈球選手接住甩過來的鏈球，但是並沒有用更大的力氣甩出去，而是拉著鏈球把它拖慢一點再甩出去。

　　1973年，美國太空總署發射的「水手10號」（Mariner 10）水星探測器，就是歷史上第一個利用重力彈弓效應到達另一顆行星的探測器。它先

重力彈弓效應也可以用來幫宇宙探測器減速。這就好像鏈球選手接住甩過來的鏈球，然後拽著鏈球把它拖慢一點再甩出去。

是從地球飛向距離地球最近的金星，繞著金星轉了兩圈之後，火箭引擎再次點火，改變軌道飛向水星。

有時候，科學家為了盡可能地利用重力彈弓效應，不惜讓探測器多繞幾個彎之後，再飛向目的地。1997年發射的「卡西尼號」（Cassini）探測器就是非常經典的例子，它的最終目的地是土星。但是，它並沒有直接飛向土星，而是先飛向金星，利用一次金星的重力彈弓效應。但是還沒完，「卡西尼號」沒有急著飛向土星，而是繞著太陽轉一圈後，再次與金星相遇，第二次利用金星的重力彈弓效應把自己甩向地球，再利用地球的重力彈弓效應把自己甩向木星，再利用木星的重力彈弓效應，最終把自己送到飛向土星的軌道上。因此，「卡西尼號」的飛行路線極其複雜。

每一次變軌飛行，都必須在非常精確的時間點啟動引擎，一絲一毫都不能錯。這些複雜、精確的計算，全都是靠著牛頓的萬有引力公式完成。

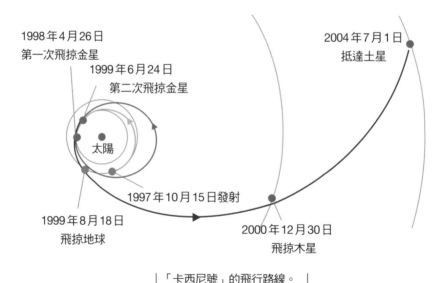

|「卡西尼號」的飛行路線。 |

如果人類沒有找到萬有引力定律，今天我們也不可能讓探測器準確地飛向外星球。

本章，我講了牛頓的故事，最重要的是想告訴你們：科學總是不斷地進步，後人因為能站在前人的肩膀上，從而看得更遠。

科學家思考的過程比思考的結果更重要，如果你也想成為科學家，就要學習牛頓的探索精神，從一些最基本的自然現象開始，一點一點地深入思考這些自然現象背後的規律。

牛頓提出萬有引力定律，可是他萬萬沒有想到，在萬有引力之中還蘊含著有關宇宙的驚天大祕密，這是他去世190年後的事情，這又是怎麼一回事呢？

科學動動腦

宇宙探測器在太空中飛行的時候，走的是一條直線，還是一條弧線？為什麼？

第 5 章

一對雙胞胎引發的宇宙謎案

上一章留給你的科學動動腦，你想出來了嗎？宇宙探測器在太空中飛行的時候，走的路徑是一條直線，還是一條弧線？為什麼？

　　正確答案是，所有的宇宙探測器在太空中飛行的時候，走的都是弧線，而不是直線。因為在太陽系中，不論它們飛到哪裡，都會受到以太陽為主的萬有引力吸引。太陽系中其他所有天體的質量加起來，都還不到太陽的零頭，因此其他天體對探測器的影響可以忽略不計。每一個探測器都好像是一只風箏，被太陽放出的一根無形的線牽著，不論它們朝什麼方向運動，總是會因太陽的引力而偏轉方向，不會走直線。

　　萬有引力的影響無處不在，它就像一張無形的大網，撒滿整個宇宙，它與時間、空間、運動一樣，都是宇宙中最基本的現象。

在太陽系，每一個探測器就像是一只風箏，被太陽放出的一根無形的線牽著，所以，不論它們朝什麼方向運動，最後總是會因太陽的引力而偏轉方向，不會走直線。

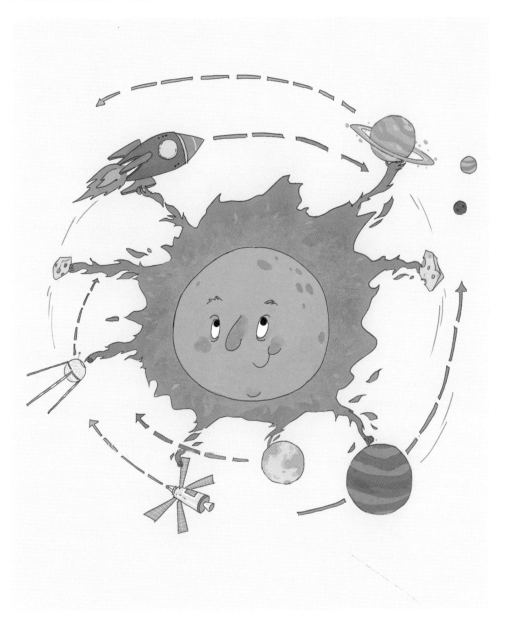

孿生子弔詭

愛因斯坦破解孿生子弔詭的謎案：
誰掉頭去追另一個人，誰就會變得更年輕。

還記得嗎？我說過26歲的青年愛因斯坦提出相對論，他發現時間和運動之間有著密不可分的關係，這是非常了不起的成就。但是，愛因斯坦卻不滿意。因為他發現自己的理論中竟然沒有包括萬有引力，這實在太不應該了。萬有引力無處不在，時時刻刻影響宇宙中的物體，他猜想，時間會不會也受到萬有引力的影響呢？

他直覺上覺得應該會，但是又理不出頭緒。當時的愛因斯坦是瑞士伯恩專利局的一位小職員，轉機出現在某天他和局長哈勒的對話中。（本故事為虛構）

哈勒：愛因斯坦，你是不是認為運動速度愈快，時間愈慢呢？
愛因斯坦：對，這確實是我的理論。

哈勒：我覺得你這個觀點自相矛盾。你不是喜歡思想實驗嗎？那我也來一個思想實驗，在漆黑的宇宙中，有一對雙胞胎，哥哥駕駛一艘太空船，弟弟也駕駛一艘太空船，他們分別朝對方飛過去。在哥哥的眼中，弟弟的太空船一開始是一個小亮點，然後愈來愈大，最後嗖地一下就從身邊飛過去，一轉眼就不見了。根據你的相對論，弟弟的時間過得比哥哥的時間慢。是不是這樣？

愛因斯坦：是啊。

哈勒：很好，我再問你，弟弟眼中看到什麼？是不是也看到哥哥的太空船開始是一個小亮點，然後愈來愈大，最後嗖地一下就從身邊飛過去？根據你的相對論，哥哥的時間不是應該過得比弟弟慢嗎？愛因斯坦先生，我想問你，到底是哥哥的時間慢，還是弟弟的時間慢呢？如果你無法回答我的問題，就說明你的理論錯誤。

愛因斯坦一愣，沒想到局長私底下也在思考這些奧妙的物理問

到底是誰的時間慢了？

愛因斯坦和局長哈勒在探討兩艘太空船相遇時的時間相對性。

題。這個思想實驗確實對愛因斯坦的觀點提出挑戰，讓他思索好幾天。不過，最終還是沒有難倒他。隔幾天，愛因斯坦回答哈勒先生。

愛因斯坦：局長，恐怕在您設想的情況下，在弟弟的眼中，哥哥的時間慢了，而在哥哥的眼中，弟弟的時間慢了，這並沒有矛盾，事實上就是這樣。

哈勒：那你倒說說看，為什麼不矛盾呢？

愛因斯坦：您想一下，哥哥和弟弟如何知道對方的時間呢？他們是不是必須透過發電報對時？但是，您千萬不要忘了，訊號傳送不是暫態，訊號傳送的極限速度是光速。因此，如果哥哥在12：00：00發出電報，我們可以肯定的是，弟弟在聽到嘀聲時，哥哥的手錶一定過了12點。過了幾秒鐘，哥哥收到弟弟的回信：「哥哥，我於12：00：05聽見嘀聲，當你聽到我下面發出的嘀聲時，正好是12：00：15。」

| 愛因斯坦的解釋讓哈勒一臉困惑。 |

哥哥聽到嘀的一聲後，迅速記下聽到嘀聲的時間是12：00：25。但是哥哥馬上就會發現，靠這個時間無法證實自己的鐘走得比弟弟的慢還是快，還得扣除訊號傳送的時間。於是，經過一番計算，他會驚訝地發現，訊號傳送的時間居然超過5秒鐘，也就是說，弟弟極有可能是在12：00：05才聽到嘀聲，弟弟會自然地認為哥哥的錶走慢了，但是扣除訊號傳送的時間後，哥哥仍然認為弟弟的錶走得更慢。您聽懂了嗎，局長大人？

哈勒：我可以貼一個「暈倒」的圖給你嗎？我完全聽糊塗了。

愛因斯坦：好吧，我只是想說，在以往我們完全不會考慮的訊號傳送時間，居然在這個比對時間的實驗中發揮決定性作用。再進一步計算，我們會發現，隨著速度增加，訊號傳送的時間總是大於相對論效應拉慢的時

狡辯！

在弟弟眼中，哥哥的時間慢了；在哥哥的眼中，弟弟的時間慢了！

| 哈勒生氣地認為愛因斯坦在狡辯。 |

間。也就是說，在這個遊戲中，哥哥和弟弟完全處於對稱的地位，一方的計算完全可以想像成是另一方的計算，最後經過一番仔細的計算和論證，你會得出一個驚人的結論 —— 儘管聽來很奇怪，但無論哥哥和弟弟用什麼方法比對時間，他們都會得到同一個結論 —— 對方的時間變慢了。

沒想到，愛因斯坦的這番回答，讓哈勒先生更加生氣。

哈勒（生氣地）：愛因斯坦先生，我覺得你在狡辯。要知道，隨著時

| 攣生子弔詭。 |

間流逝，人會長鬍子。時間過得愈快的人，鬍子長得愈長。如果按照你的說法，豈不是哥哥看到弟弟的鬍子更長了，弟弟看到哥哥的鬍子也更長了嗎？真是荒謬！我們讓哥哥和弟弟見面，比一比到底誰的鬍子長，這總能比較出一個長短吧？我要你正面回答我，飛行了一段時間，他們再見面後，到底是哥哥的鬍子長，還是弟弟的鬍子長？

哈勒局長放了一個大絕招，愛因斯坦一下子也被問住，這聽起來確實是一件很奇怪的事情。

上面這段對話雖然是虛構，但雙胞胎難題在科學史上卻非常出名，還有一個專門的名詞，叫「孿生子弔詭」（twin paradox），曾經難倒很多人。

不過，愛因斯坦最終還是破解這個謎案。他發現在剛才那個思想實驗中，如果哥哥和弟弟想要見面，他們倆的地位就不會完全平等。因為，要想見面，必然有一個人先把太空船的速度降下來，然後，掉轉船頭，再加速追上另外一個人。這樣一來，誰掉頭去追另一個人，誰就會變得更年輕。哥哥和弟弟的鬍子，誰長、誰短都有可能，關鍵是看誰減速再加速。如果是哥哥減速、掉頭，再加速飛向弟弟，其實就是飛向弟弟的未來，當哥哥追到弟弟的時候，弟弟已經比哥哥還要老了。

聽起來非常神奇，但這卻是千真萬確的事實，也是宇宙為我們制定的神聖法則。

我們只能發現自然規律，無法改變自然規律。

等效原理

有了等效原理，愛因斯坦終於能把時間、空間、
運動、重力全部整合在相對論裡。

　　當愛因斯坦破解孿生子弔詭的謎案之後，他隱約覺得自己快要找到把萬有引力和時間連結起來的線索，只差最後一步。他苦苦地思索著，答案已經若隱若現，但就是看不清楚。直到有一天，他突然獲得一個絕妙的想法，他稱之為自己一生中最快樂的想法。這到底是一個什麼樣的想法呢？

　　你一定坐過電梯吧？你有沒有發現，當電梯剛啟動上升時，你會覺得自己的心一沉，好像身體變重了一點？而當電梯快停下來時，你又會覺得自己的心一飄，就好像身體變輕了一點？這是因為電梯在啟動或者停止時，會有加速度，正是加速度讓我們感覺身體重量的變化。

　　這原本是很常見的現象，可是愛因斯坦卻想到，假如我坐在一個密閉的電梯中，有沒有辦法區分出，這架電梯是靜止在地球，還是在太空中加速運動呢？如果我在電梯中失重，我能不能區分出電梯是飄浮在太空中，

還是在地球上自由落下呢？愛因斯坦發現，只要不開電梯門，根本就沒有任何辦法區分這兩種狀態。愛因斯坦歡呼一聲，他獲得一生中令他最快樂的想法，那就是加速度和重力在物理效果是相同，這被愛因斯坦稱之為等效原理。

有了等效原理，愛因斯坦終於能把萬有引力放到自己的理論中。因為萬有引力透過等效原理和加速度關聯，而加速度和運動是關聯的。這樣一來，愛因斯坦的相對論就升級，他終於能把宇宙中最普遍的現象 —— 時間、空間、運動、重力，全都整合到一個理論中，這是非常非常非常了不起的成就，必須要用三個「非常」才夠。這次升級，愛因斯坦花了整整10年的時間才完成。今天，許多科學家都把相對論稱為世界上最美的理論，相對論也被譽為人類最偉大的智力成就。

多虧愛因斯坦搞清楚重力和時間的定量關係，今天到處可見的導航儀才能為我們精確地指引方向。因為導航儀要用到全球定位系統（Global Positioning System，簡稱GPS），就是利用天上的衛星為地球上的接收器定位。它的原理簡單說，就是利用不同的衛星訊號抵達接收器的時間不同，這時必須非常精確地知道衛

愛因斯坦的相對論，把宇宙中最普遍的自然現象 —— 時間、空間、運動、引力，全都整合到一個理論中。

星上的時鐘和地面上的時鐘走時會相差多少。天上的衛星與地面的接收器所受到的地球重力並不同，因此要用愛因斯坦的公式，才能精確計算出它們的差值。

一對雙胞胎引發的謎案告訴我們：

世界上有很多現象違反直覺和常識，看起來不可思議的事情，很有可能正確無誤，就像時間是相對的。相反的，很多聽起來或者看起來有道理的事情，未必是真。

就像有人說，如果你罵一碗米飯，米飯就更容易發黴，而你讚美一碗米飯，米飯就會保持新鮮，乍聽有道理，其實禁不起實驗的檢驗。

愛因斯坦終於從理論證明，萬有引力確實會影響時間。在他去世後，科學家也用實驗證明他的理論。

然而，真正讓全世界科學家都無比震驚的是，愛因斯坦還發現萬有引力的真相，而這個真相實在太驚人，以致當它被天文觀測證實的時候，引發全世界大轟動和討論。

這個令人震驚的真相到底是什麼呢？

科學動動腦

你可能聽說過食物相剋的說法，比如有人說馬鈴薯和香蕉一起吃會長雀斑。你敢不敢做實驗驗證，然後說說你覺得這是不是真的呢？

| 訊號在衛星和地球之間的傳送和接收。 |

學習筆記

第 6 章

黑洞、白洞和蟲洞

這裡是什麼地方？

你曾一邊吃香蕉一邊吃馬鈴薯嗎？這種搭配雖然很奇怪，但是，我可以保證，同時吃香蕉和馬鈴薯不會讓你長雀斑。香蕉和馬鈴薯雖然長得很不一樣，但它們的主要成分都是澱粉和水。是不是很驚訝呢？這個世界的真相往往與我們表面看到的情況不一樣。

你可能會覺得熱愛科學就是熱愛發明創造，其實，真正熱愛科學的人，都是熱衷於發現真相的人，不論是生活的真相，還是歷史的真相。

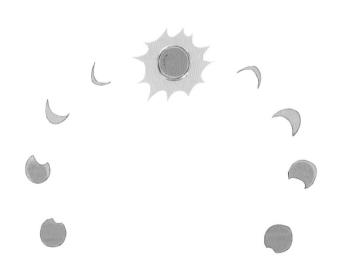

彎曲時空

> **科學研究的重要方法：**
> **提出假設、推論臆測，再用實驗驗證此想法。**

　　愛因斯坦透過深入研究萬有引力，發現一個令所有人都震驚的宇宙真相 —— 時間和空間就好像香蕉和馬鈴薯，表面上看起來不一樣，但如果換一個角度去看，其實都是同一個東西，卻表現不同形式。

　　我們把這個東西叫作時空。

　　什麼是時空？時空不能簡單地理解為時間加上空間，就好像牛奶不能簡單地認為是牛加上奶一樣。愛因斯坦告訴我們，時空就像一張由時間和空間編織起來的網，這張網充滿整個宇宙，無邊無際，無所不在。時間的相對變化必然引起空間的相對變化，空間的相對變化也必然引起時間的相對變化。

　　牛頓說，萬有引力是物體之間互相牽著的一根看不見的線；而愛因斯坦說，萬有引力是時空的彎曲。

按照牛頓的想法，地球繞著太陽轉，就像一個人甩鏈球。可是，按照愛因斯坦的想法，太陽就像壓在時空上的一個球，它把時空這張網給壓彎了，地球在彎曲的時空中運動，就好像小球在一張凹陷的橡皮膜上運動，它的運動路線自然而然地就會圍繞著中心轉圈圈，並沒有什麼看不見的線牽著。

| 牛頓和愛因斯坦展開激烈辯論。 |

那麼，他們到底誰對誰錯呢？

在科學研究中，並沒有絕對的正確和錯誤，只有誰的理論更接近真相，誰的計算結果更符合實驗結果。

用牛頓和愛因斯坦的理論，都能計算出地球的運行軌道，只不過，用愛因斯坦的理論計算得更加精確。但我們並不總是需要那麼精確，所以，牛頓的理論永遠不會過時。無論到了什麼時候，我們都要學習牛頓理論。

愛因斯坦提出一個著名的星光實驗來檢驗時空彎曲的猜想，這是一個非常大膽、極富想像力的實驗，展現愛因斯坦非凡的思考力，讓我們一起來了解。

首先，找一個晴朗的夜晚，給某一塊星空拍張照片。我們都知道，恆星之所以叫恆星，就是因為它們在天上的位置相對地球是不動，也就是說，每年地球運行到同一相對位置時，這幅星空的照片應該完全一致，星星之間的距離也應該完全相同。地球繞著太陽公轉，那麼每年都會有兩次機會和恆星的相對位置保持一致，也就是下圖的位置A和位置B。

但是，請注意以下重點：當地球在位置B時，與在位置A相比，有一個很大的不同，那就是太陽擋在中間。根據愛因斯坦的理論，太陽的重力如此之大，以致於太陽

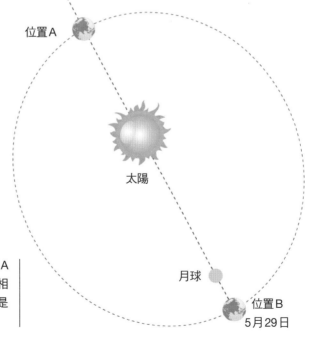

乙恆星

位置A

太陽

月球

位置B
5月29日

每年地球在位置A和位置B時，其相對於恆星的位置是完全相同的。

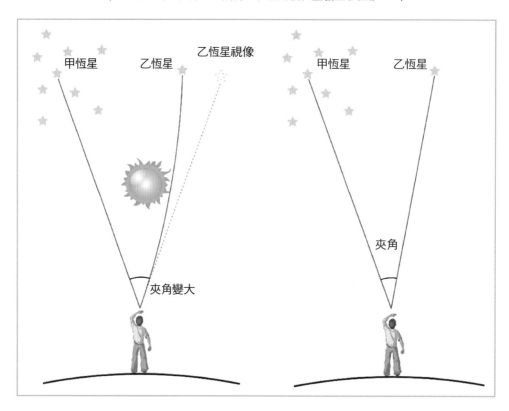

周圍的時空被壓彎，於是，星光經過太陽時就會發生彎曲，從而使我們在位置B觀察恆星時，離太陽比較近的恆星會發生位置變化。如何檢驗恆星的位置改變了呢？只要測量離太陽很近的恆星與其他離太陽很遠的恆星之間的距離即可。把位置B的星空照片和位置A的星空照片相比較，我們會發現，恆星之間的距離發生變化，就好像魔術師憑空把星星挪了地方。

　　如果這個預言正確，離太陽近的乙恆星的視位置，會朝著遠離太陽的方向偏這麼一點點。根據愛因斯坦的計算，這一點點是1.7弧秒，1弧秒=1/3600度。看到這裡，你可能感到疑惑，當地球處在B位置的時候，根

本無法看到恆星，因為是白天，誰也無法在白天看到星星。可是，大家千萬別忘了，有一個特殊的時刻可以在白天看到星星，那就是日全食發生的時刻。

這就是愛因斯坦提出的星光實驗，如果我們把時空彎曲看成是他提出的一個假設，那麼星星改變位置就是根據這個假設推導出來的猜想，而這個猜想可以被實驗所檢驗。

這就是科學研究的重要方法——提出假設，推論臆測，再用實驗驗證這個想法。

你千萬別以為這套方法很容易想到，在人類文明數千年歷史中，能夠熟練運用這套方法也就只有3、400年的時間。

日全食發生的時候，我們在白天也能看到星星，非常神奇。

1919年那次日全食來臨前，以英國天文學家愛丁頓（Arthur Stanley Eddington）為首的科學家，分成兩支遠征觀測隊，一支隊伍跋涉巴西，另一支隊伍遠赴西非。1919年5月29日，日全食如約而至，雖然當時天公不作美，兩支遠征隊都遇到陰天，但是在最關鍵的時刻，還是拍到至少8顆恆星的照片。他們把照片帶回英國後，和半年前拍攝的照片仔

細比較，經過長達5個月的資料分析，最後宣布，愛因斯坦的理論得到完美的證實，觀測值與理論計算值非常吻合！

星光實驗使相對論在歷史上第一次得到實驗驗證，愛因斯坦也因為這次成功的實驗驗證享譽世界。在此後的科學史上，每隔一段時間，相對論的預言都會得到一次實驗的證實。每一次對相對論的成功驗證，幾乎都會獲得諾貝爾物理學獎。例如歷史上非常著名的脈衝星的發現，讓英國天文學家休伊什（Antony Hewish）獲得了1974年的諾貝爾物理學獎；宇宙微波背景輻射的發現，讓美國物理學家潘齊亞斯（Arno Penzias）和威爾遜（Robert Wilson）獲得1978年的諾貝爾物理學獎；最近一次是重力波的發現，讓三位美國科學家魏斯（Rainer Weiss）、巴利許（Barry Clark Barish）和索恩（Kip Stephen Thorne）獲得2017年的諾貝爾物理學獎。

> 亞瑟‧斯坦利‧愛丁頓（Arthur Stanley Eddington，1882～1944），英國天文學家、物理學家、數學家。愛丁頓是第一個用英語宣講相對論的科學家。

黑洞、白洞和蟲洞

科學家透過尋找間接證據，
例如光經過黑洞附近會被扭曲等，來證明黑洞存在。

　　現在，我們比牛頓時代更接近宇宙的真相。所有的天體都像一個個球，壓在時空之網上，這些球的質量愈大，體積愈小，在這張網上就下陷得愈深，也愈來愈像一個個空間中的「洞」。

　　當這個洞達到最深的時候，就連光也只能在洞中的時空裡打轉，再也飛不出來，更不要說其他物質。科學家把這樣的洞稱為「黑洞」，它是宇宙中最奇怪的一種天體。我們永遠也無法看到黑洞裡面的樣子，因為在那裡面，時間和空間已經打成一個結，也可以說，時間和空間都不復存在。黑洞就像宇宙中的吸塵器，不斷地吞噬一切靠近它的物質，而且吞進去，就不會再吐出來。其實，任何天體如果壓縮到夠小，都能成為一個黑洞。比如，如果能把地球壓縮到像一顆巧克力豆，那麼地球就成為一個黑洞。

　　但是，這只是一個不太適切的比喻。實際上，黑洞比你想像的還要怪

異。所謂黑洞的大小，只是黑洞的中心到邊界的大小。在這個黑乎乎的區域中，其實空無一物。你可能感到奇怪，物質都跑到哪裡去？其實，剛才說把地球壓縮到像一顆巧克力豆，真實的情況是，一旦地球被壓縮到像巧克力豆，就沒有任何力量能夠阻止地球繼續收縮，它只留下一個漆黑的外殼。那麼，地球上的物質到底跑到哪裡去了呢？我們只知道它們會一直收縮下去，永遠停不下來。這些物質最後會收縮成一個非常奇怪的

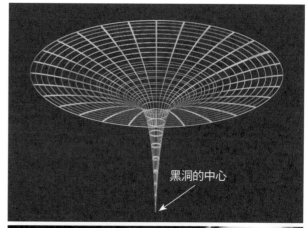

黑洞的中心

電影《星際效應》中的黑洞，是電腦模擬出來。

點，我們就把這個點叫做「奇異點」（singularity）。

　　當黑洞理論剛被提出來時，幾乎沒有人相信宇宙中真的會有這麼奇怪的天體。後來，隨著相對論被一個又一個實驗所證實，科學家才相信，宇宙中出現這種奇怪天體是不可避免。2019年4月10日21時，人類首張黑洞照片面世。它的核心區域是一個陰影，周圍環繞著一個新月狀光環。

科學精神有一條非常重要的原則：非比尋常的主張，需要非比尋常的證據。黑洞顯然是一個非比尋常的主張，那就必須有非比尋常的證據。要證明黑洞的存在，必須找到天文觀測的證據。

　　就在天文學家努力尋找黑洞的同時，又有科學家發現，根據相對論，還可以推測出一種與黑洞性質完全相反的天體，這種天體不是不停地吞東西，而是剛好相反 —— 不斷地吐出東西，於是，這種更奇怪的天體就被叫作「白洞」。這下熱鬧了，黑洞還沒找到，又冒出一個白洞。那些搞觀測的天文學家可有得忙了。

　　事情還沒完呢，那些搞理論的科學家嫌事情還不夠大，又提出一種更奇怪的「洞」，這可讓天文學家更頭大。這是什麼洞呢？還是根據相對論，科學家發現，兩個黑洞，或者一個黑洞一個白洞，雖然相距很遠，但是理論上，可能透過彎曲時空而連接在一起，形成時空隧道，這個時空隧道叫蟲洞，就像下圖這樣。

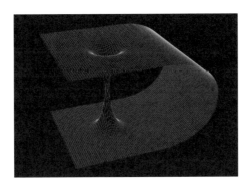

| 蟲洞模擬圖。 |

這個時空隧道恐怕是人類目前已知的宇宙中最奇怪的東西，恐怕也是最瘋狂的科學猜想。如果蟲洞真的存在，太空船就有可能從銀河系的這頭，突然出現在銀河系的那一頭，原本要花幾億年才能飛過的距離，一瞬間就跨過了。

你知道科學猜想和胡思亂想有什麼區別嗎？科學猜想都有明確的推導過程，而不是隨便一拍腦袋就憑空冒出來的想法；更重要的是，科學猜想可以透過觀察或者實驗驗證。

宇宙中到底有沒有黑洞、白洞和蟲洞呢？

光有理論不夠，還必須找到證據。提出黑洞的猜想之後，天文學家就開始忙了。因為黑洞本身不發光，所以無法被直接看到；但科學家可以尋找很多間接證據，比如說，黑洞會極大地扭曲時空，於是，當光經過黑洞附近，就會被扭曲，像哈哈鏡一樣。數十年以來，科學家不斷地發現各種證據，2015年探測到黑洞相撞產生的重力波之後，人類可以自豪地宣布：黑洞的存在已經鐵證如山。

史蒂芬‧威廉‧霍金（Stephen William Hawking，1942～2018），著名物理學家、宇宙學家、數學家。霍金是繼愛因斯坦之後最傑出的理論物理學家之一，他的代表作品有《時間簡史》、《胡桃裡的宇宙》、《大設計》等。

著名物理學家霍金（Stephen William Hawking）最大的科學成就是指出黑洞也不是永恆存在，而是像一滴水，慢慢地蒸發掉，這種現象被稱為「霍金輻射」（Hawking radiation）。但是證據還沒找到，等待你去發現。

　　令人遺憾的是，迄今為止，我們沒有尋找到任何有關白洞和蟲洞存在的證據。當你們長大以後，我希望你們能投身尋找白洞和蟲洞的偉大科學探索。

科學動動腦

如果你回到古代，提出「大地不是平的，而是一個球狀體」的假設，你能不能由這個假設進一步想到什麼可以被驗證的猜想呢？試著跟爸媽討論一下，在生活中，我們可以找到什麼方法來檢驗大地是球形的猜想。

學習筆記

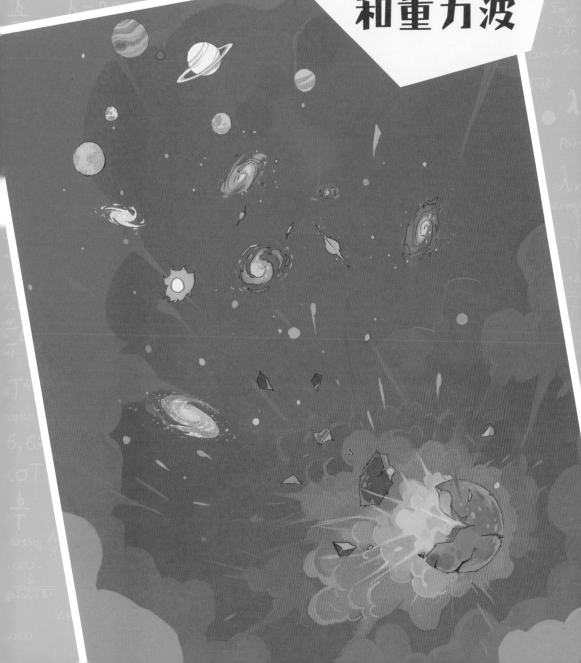

第7章

宇宙大霹靂和重力波

哈伯的重大發現

哈伯發現，幾乎所有的星系都在遠離我們，
距離愈遠的星系，遠離的速度愈快。

在100年前，科學家認為，宇宙永恆不變，過去無限遠，未來也是，誰要是問宇宙從什麼時候誕生、怎樣誕生，那會被人取笑。

然而，1919年，有一位30歲的年輕人來到美國的威爾遜山天文台工作，誰也沒有料到，這位年輕人將改變人類的宇宙觀，他是愛德溫·鮑威爾·哈伯（Edwin Powell Hubble）。

哈伯一到天文台，便近乎瘋狂地觀測仙女座星系（Andromeda Galaxy），這

愛德溫·鮑威爾·哈伯（Edwin Powell Hubble，1889～1953），美國著名天文學家，他發現了大多數星系都存在紅移的現象，構建了哈伯定律。

片星雲是在北半球肉眼可見的兩片星雲之一。當時的天文學家以為銀河系是整個宇宙，而仙女座星系只不過是銀河系的一片發光氣體雲而已。

哪知道，哈伯透過長年累月的細心觀測，他用無可辯駁的證據證明仙女座星系距離地球至少幾十萬光年，遠遠超出銀河系的大小。

這個發現讓所有的天文學家感到震驚，原來，仙女座星系根本不是什麼發光氣體雲，而是一個比銀河系還大的星系，包含幾千億顆如同太陽的恆星。除了銀河系，在望遠鏡中還能看到無數片星雲，每一片星雲幾乎都是一個巨大而遙遠的星系。哈伯發現，有的星系甚至離我們幾億光年之遙。

正當天文學家對宇宙之大感到震驚的時候，哈伯又有了一個更加令人震撼的發現，這個發現甚至讓遠在德國的愛因斯坦都驚訝得合不攏嘴。

原來，哈伯發現，除了仙女座星系等幾個

| 仙女座星系比銀河系還大。 |

| 宇宙沒有中心。 |

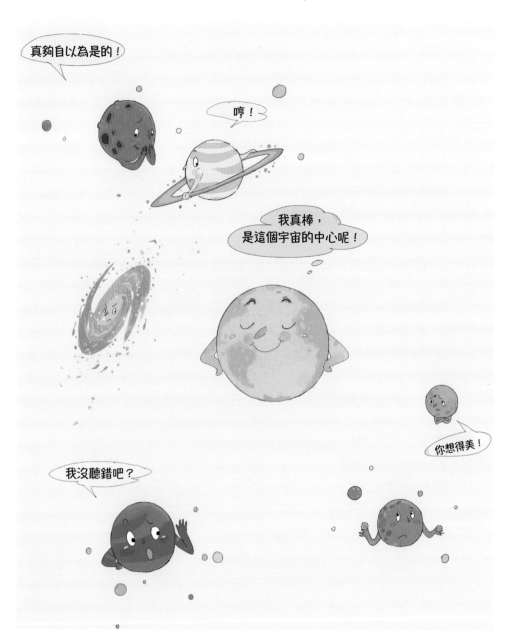

極少數的鄰近星系，幾乎所有的星系都在遠離我們，好比你站在廣場上，周圍的人都退向遠處，而且距離我們愈遠的星系，遠離的速率也愈快。

難道說，地球真的是宇宙的中心嗎？否則，怎麼解釋從地球看過去，幾乎所有的星系都在後退呢？哈伯進一步觀測發現，事情沒有想像的那麼簡單。幾乎所有的星系都在遠離地球是沒錯，但是，幾乎所有的星系也都在互相遠離。所以，你可以說宇宙沒有中心，也可以說，宇宙任何一個地方都是中心。

膨脹的宇宙

哈伯發現宇宙一直在膨脹，
這與愛因斯坦的相對論不謀而合。

怎麼會出現這麼奇怪的現象呢？請你想一想，能不能找到一個合理的解釋呢？科學家也在熱烈地討論著，最後，所有人都只能想到唯一的合理解釋：宇宙就像一個氣球，而這個氣球正在不斷地被吹大。如果你在氣球表面隨便畫上一些點，那麼，當氣球不斷膨脹時，所有的點與點之間的距離都會增大，無一例外。難道說，宇宙正在不斷地膨脹嗎？

遠在德國的愛因斯坦聽說哈伯的發現，驚訝得不得了，不是他不信，而是這個發現竟然和相對論不謀而合。原來，愛因斯坦根據相對論計算出宇宙應該一直在膨脹，可是這個結果連他自己都不信。為了維持一個不變的宇宙，也為了不讓別人笑話他的理論，他蒙著眼睛把自己的理論更動一點點，才能安心地睡覺。

哪曾想到，哈伯竟然發現宇宙真的一直在膨脹。人們不得不感嘆，愛

因斯坦不愧是大師，錯都錯得那麼帥。

　　如果宇宙真的一直在膨脹，那麼，明天的宇宙就會比今天的宇宙更大，換句話說，昨天的宇宙比今天的宇宙小一點。如果時光倒流的話，宇宙豈不是愈來愈小嗎？這樣一來，終會收縮到一個點。

| 宇宙就像一個不斷在膨脹的氣球。 |

宇宙大霹靂

要測量宇宙的平均溫度，
其實就等於測量來自全宇宙的微波背景輻射。

科學家根據宇宙的膨脹速度，計算發現只要往回推138億年，宇宙就會縮小到一個點。也就是說，宇宙在138億年前，從一個點開始膨脹成今天的樣子，稱為宇宙大霹靂（Big Bang）。

看到這裡，你腦子裡可能冒出一個問題：

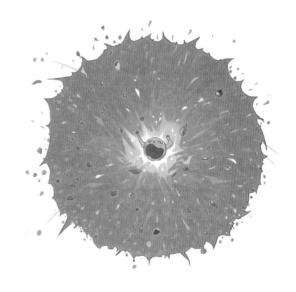

| 宇宙大霹靂。 |

除了哈伯的發現，還有沒有更多證據呢？如果你能這麼想，我會感到非常高興，因為你已經記住「非比尋常的主張需要非比尋常的證據」。不管什麼樣的說法，聽來很有道理還是很奇怪，都需要證據。

　　自從宇宙大霹靂被提出來以後，科學家一直在尋找證據，比如，我們可以根據相對論計算出宇宙從大爆炸開始，冷卻138億年之後的溫度。只是這個溫度很低，用任何溫度計都測量不出來。要測量如此低的溫度，只有一個辦法，就是利用巨大的電波天文望遠鏡。

| 電波天文望遠鏡透過一個巨大的天線來收集各種頻率的電磁波。 |

要測量宇宙的平均溫度，其實等於測量來自全宇宙的微波背景輻射（Cosmic Microwave Background Radiation），因為當溫度變得極低時，熱量以微波的形式存在。微波爐能加熱食物，也是利用同樣的原理。只是宇宙這台超級大微波爐的功率很低，自從電波望遠鏡發明以來，人類透過它接收到的全部微波，加起來的熱量還不夠融化一片雪花呢！宇宙微波背景輻射的發現是一個非常富有戲劇性的故事：

宇宙微波背景輻射的發現

1964年，潘齊亞斯31歲，威爾遜29歲，他們是美國貝爾實驗室的兩名工程師，入行時間不長，資歷也不深。他們倆一起在美國新澤西州的霍姆德爾鎮建造一個形狀奇特的號角形電波天文望遠鏡，然後開始研究銀河系的無線電波。

這個號角形的巨大天線非常靈敏，喇叭口的直徑達到6公尺，可能是當時世界上最靈敏的天線。然而，天線啟動後，似乎有問題，總有一個怎麼也去不掉的雜訊在干擾。

首先，他們把能拆的零件全部拆下來，然後重新組裝，結果沒用。他們又檢查所有的電線，撢掉每一粒灰塵，也沒用。他們爬進天線的喇叭口，用管道膠布蓋住每一條接縫、每一顆鉚釘，還是沒用。最後，在爬進天線時，他們發現一個鴿子窩，居然有鴿子在裡面築巢。「罪魁禍首一定是鳥屎！」威爾遜恍然大悟地對潘齊亞斯說。「鳥屎是一種電解質。」潘齊亞斯聽了使勁地點頭。

於是倆人再次爬進天線，把所有的鳥屎擦得乾乾淨淨，這可不是一件輕鬆的工作。讓倆人快瘋掉的是，做完這一切後，那個鬼魅般的雜訊反而更加清晰。就這樣折騰足足一年的時間，到了1965年，他們在瀕臨絕望

潘齊亞斯和威爾遜在電波天文望遠鏡上發現鴿子窩，
他們以為鳥屎是產生雜訊的罪魁禍首。

的時候，終於想到離他們僅有50多公里遠的普林斯頓大學。

　　這可是愛因斯坦工作過的大學，藏龍臥虎。他們打電話找到功夫底子深厚的天文物理學家羅伯特·迪克（Robert Henry Dick）教授。迪克教授聽完他倆囉囉唆唆的話之後，心裡涼涼的，他立刻明白真相，說了一句話：「你們倆拚命要去掉的東西，正是我拚命要尋找的東西，你們倆的運氣怎麼這麼好？」原來，迪克教授正領導一個研究小組，試圖驗證宇宙大霹靂理論的預言——宇宙微波背景輻射。他清楚地知道，他要找的東西已經被這兩個從來不知道什麼是宇宙大霹靂理論的毛頭小伙子找到了。

科學小筆記

電波天文望遠鏡

你可能感到奇怪，為什麼前面提到望遠鏡能測量溫度呢？其實，與其說電波天文望遠鏡是一個望遠鏡，倒不如說它是一個超級收音機更恰當。因為電波天文望遠鏡並不是用眼睛去看，而是透過一個巨大的天線蒐集各種頻率的電磁波，科學家可以把電磁波轉換成圖像和聲音兩種讓人可以直觀感受的形式。

　　就這樣，20世紀宇宙學史上最重要的發現，也是宇宙大霹靂理論最關鍵的證據——宇宙微波背景輻射——被戲劇性地發現了。這兩個幸運的美國工程師——潘齊亞斯和威爾遜，因為這個發現，在1978年獲得諾貝爾物理學獎。

重力波

> **任何兩個物體圍繞著轉，**
> **都會產生重力波。**

　　愈來愈多的證據表明，宇宙確實來自138億年前的一場創世大爆炸。

　　不過，這場大爆炸與我們見過的爆炸很不一樣，在爆炸發生後的幾十萬年中，沒有任何光，因為在那個期間，宇宙還是一鍋濃湯，連光子都還沒有誕生。如果只有望遠鏡，人類無論如何也無法捕捉那個時期的宇宙訊號。那麼，科學家有沒有辦法研究剛剛誕生的宇宙呢？

　　有一種訊號在宇宙大霹靂發生的那一瞬間就會產生，而且可能被今天的我們捕捉，這種訊號就是大名鼎鼎的重力波（gravitational wave）。

　　到底什麼是重力波呢？

　　這又要回到相對論。還記得嗎？時空像一張用時間和空間編織的網，這張網充滿整個宇宙，無所不在，無邊無際。任何天體都會把這張時空之網壓彎一點，天體愈重，個頭愈小，時空就彎曲得愈厲害。

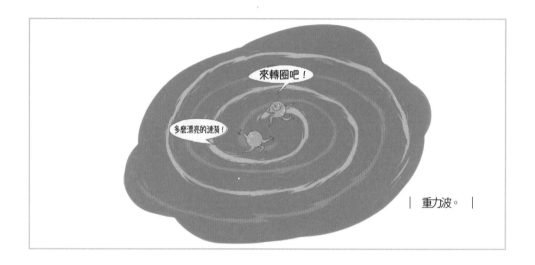

| 重力波。 |

重力波就是時空之網泛起的漣漪，好像你把一塊石頭扔到平靜的水中，水面上泛起陣陣漣漪。在時空中泛起的漣漪被科學家稱為重力波。在什麼情況下，會產生重力波呢？其實，任何兩個物體互相圍繞轉動都會產生重力波，比如我和你手拉著手一起跳舞，也能產生重力波。只是，我們倆實在太輕了，產生的重力波微弱到完全不可能被檢測到。

但是，如果是兩個黑洞互相圍繞轉動，產生的重力波就強得多了，就有可能被地球上的重力波探測器捕捉到。

100年前，愛因斯坦預言重力波的存在，他的任何一個科學預言都會引發全世界的關注。但是，由於重力波訊號極其微弱，要捕捉到它真的比登天還難。為了探測重力波，科學家努力半個多世紀，終於在2015年9月14日這一天，人類首次探測到來自宇宙深處的重力波訊號。這是兩個黑洞併合產生的訊號，在宇宙中穿行13億年後抵達地球，訊號持續時間還不到1秒鐘，幸運地被人類捕捉到。

從此，人類探索宇宙不再僅僅依靠望遠鏡，我們又多了一件「神

器」，那就是重力波探測器。如果把望遠鏡比作人類的眼睛，重力波探測器就好像是人類的耳朵。你想想，當一個聽障人士突然能聽見大自然的聲音，他該多麼興奮啊！所以，全世界許多國家都在積極籌建重力波探測器，誰也不願意再做聽障人士了。

透過重力波，未來的科學家就可能捕捉到宇宙大霹靂時期的重力波訊號，從而了解在那個創世時刻發生什麼事。現在正是新天文學的黎明時期，如果你有志於未來成為一名天文學家，選擇重力波天文學，很有可能做出像伽利略那樣的偉大貢獻呢！

要研究古老的宇宙，我們現在用的辦法就是捕捉來自遙遠過去的光子或者重力波，還有沒有別的辦法呢？我看是有的，你想到了嗎？我想到的是發明一種時間機器，回到過去，不就能親眼看一看古老的宇宙了嗎？

那麼，可能實現時間旅行嗎？下一章揭曉答案。

科學動動腦

你們知道哈伯如何證明仙女座星系距離地球至少數｜萬光年嗎？我想請你們透過網路，自己尋找答案。記住，尋找答案的過程比答案本身更重要。

學習筆記

第 8 章

時間旅行可能嗎?

我們終於要開始講令人激動的時間旅行了。像哆啦Ａ夢一樣，駕駛時光機去任意一個時間，恐怕是每一位少年心中的夢，我也不例外，在我還是少年的時候，就常常做這樣的夢。從科學的角度來說，時間旅行到底有沒有可能實現？

　　我必須把這個問題分成兩種情況回答。時間旅行可以分成飛向未來和返回過去兩種情況，這兩種情況的答案不一樣。

飛向未來有可能

> 如果能製造出速度達到99%光速的太空船，
> 地球上的時間會以7倍於太空船上的時間的速度流逝。

首先，我可以非常肯定地回答你，飛向未來完全可能做到。這是100多年前，愛因斯坦發現的祕密。他的相對論告訴我們，只要能坐上一艘速度夠快的太空船，飛行一段時間再返回地球時，我們就等於飛向地球的未來。太空船的速度愈快，地球上的時間流逝速度相對也愈快。這些理論都已經得到非常嚴格的實驗證明。

但是我必須告訴你，雖然理論上可行，如果真正具有現實意義的時間旅行，以今天人類的技術，還是遙不可及。我們可以看看速度和時間之間的換算關係：

現在，假設你坐上以下這些飛行器，飛行整整一年後回到地球，你到底向前穿越多少時間呢？

如果坐飛機，大約能向前穿越16秒。即便坐上目前人類能夠製造最

快的宇宙探測器，它的速度不到光速的萬分之一，也只能大約向前穿越100多秒。這種程度的時間旅行，我們完全感受不到。

除非，我們能製造速度達到光速90%的太空船，就可以有一點點時間旅行的感覺了，如果我們在這艘太空船飛了一年後，回到地球，地球上的人差不多經歷兩年又三個月。

坐飛機繞地球飛行一年之後，回到地球，你到底向前穿越了多少時間呢？

如果能製造出速度達到99%光速的太空船，時間旅行的感覺就會非常明顯，地球上的時間會以7倍於太空船上的時間的速度流逝。

可是，人類想要讓自己製造的飛行器速度提高1萬倍，簡直是一個遙不可及的夢想。現在人類能夠製造的宇宙飛行器，全部都叫作化學火箭，就是將某種液體或者固體燃料在很短的時間內燃燒完畢，這樣就能噴出氣體，產生反作用的推力。牛頓第三運動定律告訴人們，火箭想要產生加速度，就必須噴出東西，以人類現在的科技，我們能找到的最佳噴出物就是氣體。像這類利用反作用力產生加速度的火箭，稱為「工質發動機」。「工質」就是「工作物質」的意思，這類火箭必須把工作物質拋出，才能產生加速度。所以，這個原理決定化學火箭能夠達到的速度有其瓶頸，因

為要持續產生加速度，必須不斷地拋出工質，而工質則是拋掉一點少一點，很快會被拋完。而且，所攜帶的工質愈多，火箭的質量也愈大；質量愈大，產生同樣的加速度所需的力也愈大。因此，化學火箭的效率非常低。你在電視上看到的那些火箭，它們的重量中有90%以上是燃料，在數分鐘到數十分鐘內就會燒完。

在科學家的設想中，下一代工質發動機是核融合發動機。它利用核能產生極高的溫度，然後把物質分解成微小的離子。這些離子雖然很小，但是速度很快，當它們從火箭中噴出時，可以提供動力。核融合發動機與化學火箭相比，效率大大提升，產生同樣的推力，可以攜帶少得多的燃料。可惜的是，人類目前的科技水準距離製

化學火箭將某種液體或者固體燃料在很短的時間內燃燒完畢，這樣就能噴出氣體，產生推力。

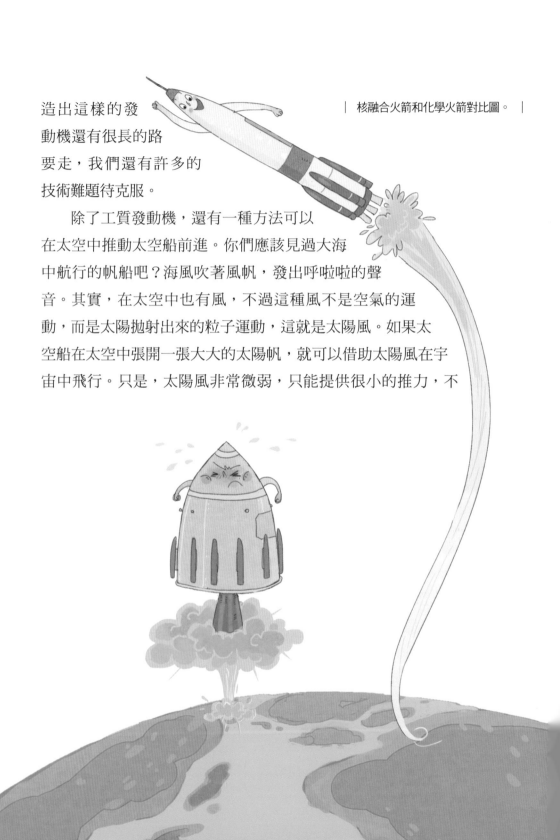

造出這樣的發
動機還有很長的路
要走，我們還有許多的
技術難題待克服。

　　除了工質發動機，還有一種方法可以
在太空中推動太空船前進。你們應該見過大海
中航行的帆船吧？海風吹著風帆，發出呼啦啦的聲
音。其實，在太空中也有風，不過這種風不是空氣的運
動，而是太陽拋射出來的粒子運動，這就是太陽風。如果太
空船在太空中張開一張大大的太陽帆，就可以借助太陽風在宇
宙中飛行。只是，太陽風非常微弱，只能提供很小的推力，不

過，只要加速的時間夠長，日積月累，也能達到非常高的速度。但是，太陽風能吹到的地方很有限，在距離太陽100億公里左右的地方，太陽風基本吹不到。這個距離從太陽系的尺度來看，只不過剛離開家門口而已。

我期待著你們長大了，能夠設計出更好的發動機，製造出真正的時光旅行太空船。

帶風帆的太空船在距離太陽100億公里左右的太空中飛行，
太空船上的太空人焦慮地發現太陽風愈來愈弱。

超光速不可能

> **光速是宇宙中永恆不變的極限速度，**
> **沒有任何物體的運動速度可以達到光速。**

　　時間旅行的第二種情況是回到過去。真有可能製造回到過去的時間機器嗎？你可能曾經聽說，只要製造出超光速太空船，就能回到過去，對嗎？

　　很遺憾，我想告訴你，超光速不可能。無論再怎麼努力，我們也無法製造出超光速太空船，因為愛因斯坦的相對論已經揭示光速的祕密。還記得本書第1章的內容嗎？光速是宇宙中永恆不變的極限速度，沒有任何物體的運動速度可以達到光速。連達到都不可能，當然更別想超過。

　　你可能會想，相對論一定正確嗎？會不會是愛因斯坦搞錯呢？你能這麼想很好，說明你具備科學中很重要的懷疑精神。然而，盲目地懷疑一切，反而會與科學精神背道而馳。比如說，我們是不是需要懷疑牛頓的理論呢？不需要，因為飛機能夠在天上飛，火箭能夠把衛星送上軌道，都已經證明牛頓理論的正確性。

你如果懷疑牛頓的理論，就如同懷疑同樣的飛機今天能飛，明天就不能飛一樣。在一定的適用範圍內，牛頓的理論一直正確。

同樣的道理，相對論也得到嚴格的實驗證明，宇宙不會今天滿足這個規律，到了明天就遵守另外一種規律。將來，或許會出現比相對論更好的理論，就好像相對論是比牛頓理論更好的理論一樣。

但是，這不代表舊理論錯誤，只代表新理論的適用範圍比舊理論更寬廣。

目前，所有的科學家都認同光速極限無法突破。

在你成為科學家之前，請不要盲目懷疑我們已經取得的科學成果，這本身就是一種科學精神。

那麼，是不是回到過去就完全沒有可能了呢？也不是這樣。剛才我只是否定超光速的可能，並沒有否定回到過去的可能。

時間旅行的一種可能性

雖然相對論確實推測出蟲洞，
但一定存在未知的宇宙規律，阻止太空船回到過去。

　　科學家在相對論的基礎上，推測出宇宙中可能存在一種非常奇怪的洞，那就是我們之前講過的蟲洞。如果蟲洞像黑洞一樣，是真實存在於宇宙中的天體，那麼，蟲洞就像是一條時空隧道。

　　進入這條時空隧道的太空船，能從銀河系的這頭，瞬間抵達銀河系的那頭。有一部分科學家推測，太空船還能夠通過時空隧道抵達任何一個時間點，不僅僅能穿越到未來，也能回到過去。

　　但是，這種推測遭到另外一部分科學家的強烈反對，他們認為，雖然相對論確實推測出蟲洞，但一定還存在我們尚未發現的宇宙規律，阻止太空船回到過去。

蟲洞就像一條時空隧道，不僅能穿越到
未來，也能回到過去。

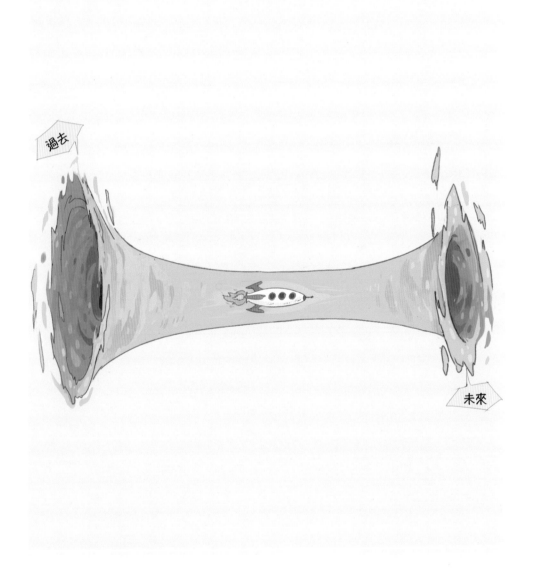

時間旅行可能產生
邏輯矛盾

> **蟲洞本質上是時空的極度彎曲，**
> **而彎曲時空，要有巨大的能量。**

　　為什麼有的科學家不相信太空船能回到過去呢？因為如果回到過去，就會不可避免地產生邏輯矛盾。假設你坐上太空船穿越蟲洞，回到你出生那一天，再假設你阻止自己出生，這樣一來就不可避免地產生邏輯矛盾：既然你沒有出生，又怎麼會有未來的你回到過去阻止自己出生呢？這顯然荒謬。

　　所以，一些科學家堅持認為，一定還有未知的自然規律不允許我們回到過去，或者不允許蟲洞出現，或許，宇宙中根本就不存在蟲洞這種奇怪的天體。

　　然而，另外一些科學家則辯護說，他們堅信蟲洞的存在，也相信有可能回到過去。邏輯矛盾並不是完全無法解決，或許有下列幾種可能性：

　　第一種，自由意識喪失說。你回到過去後，就會完全被歷史所控制，

你會像一個不受自己支配的演員，只能按照寫好的劇本演戲。

第二種，時空交錯說。你回到的那個時空和真實的歷史時空是平行糾纏，但永遠不可能相交，你可以看見歷史，卻不能影響歷史。是的，只能看，不能摸。

第三種，平行宇宙說。當你做任何改變歷史的事情時，宇宙就分裂成兩個平行的宇宙。在我這個宇宙中，你一直默默無聞；在你那個宇宙中，你最後成為全世界的偶像。

看來，想要時間旅行，在理論上僅有的那麼一丁點可能性就是製造蟲洞。蟲洞從本質上來說，是時空的極度彎曲，要扭曲時空，必須要有巨大的重力，要產生重力就需要巨大的質量，而質量和能量又可以互相轉換，所以歸根結柢要有巨大的能量。物理學家加來道雄曾經簡單計算，他說如果我們能全部蒐集太陽一天放出的能量，可以打開一個只有幾奈米的蟲洞，這個蟲洞最多只能允許你分解成的無數原子通過後，再到另外一頭組裝起來，而太陽一天放出的能量就夠提供地球使用10萬億年。看來，製造蟲洞真的很難啊！

你可能也跟我一樣想到

| 平行宇宙說的可能性。 |

一個問題，雖然我們現在沒有能力製造時間機器，但是未來呢？如果在遙遠的未來有人造出時間機器，那個人是不是就可能乘坐時間機器回到現在或以前的時代呢？但為什麼我們從來沒有見到未來人呢？歷史上也從未記載有未來人光臨。假設未來無限遠、時間機器確實可以造出來，即使機率再小，也應該有未來人回來啊？有這個想法的人還真不少呢！2005年，為了慶祝國際物理年，以及相對論誕生100週年，美國麻省理工學院舉辦一場「時空旅人大會」。舉辦方鄭重地在報紙上刊登廣告，邀請未來的時空旅人光臨會場，並且攜帶未來的物品作為證據。大會開了一天，確實來了很多「旅人」，可惜沒有一個能讓人相信他是「時空旅人」。這些旅人都辯稱時間旅行只能光著屁股旅行，就像阿諾史瓦辛格扮演的魔鬼終結者，所以他們沒有信物。

你別笑，這還真是支持回到過去派遇到的大麻煩。為此，有些科學家猜想，或許，回到過去最多只能回到時間機器製造出來的那一天，時間機器相當於一個路標，沒有路標的時代就再也回不去了。

總之，是否能回到過去，這依然是一個科學謎題，我期待，在我的有生之年，你用科學找到答案。在科學領域，還有很多像時間旅行這樣的謎題，但你知道在當今科學界，最大的兩個謎題是什麼嗎？下一章揭曉答案。

科學動動腦

假如真能回到過去，你還能想出類似本章所提到的邏輯矛盾嗎？

學習筆記

第 9 章

暗物質
和暗能量

黑暗雙俠

如果能破解暗物質或暗能量其中一個謎題，
都足以取得與牛頓、愛因斯坦比肩的成就。

在人類的基因中，
有一種叫作好奇心的生物編碼。

《論語》中有一句話說：「朝聞道，夕死可矣」，意思是早上明白宇宙真理，晚上死去都不遺憾。在一部叫《朝聞道》（劉慈欣著）的科幻小說中，描寫很多科學家，他們願意為一些科學問題的答案獻出生命。

人類的基因中，有一種叫作好奇心的生物編碼，每個人都有，只是多少強弱的區別而已。有些人的好奇心已強到可以為揭開謎底而放棄生命。歷史上，正是這樣一群好奇心最強的科學家，把

人類對宇宙規律的認識提升到一個又一個嶄新的高度，他們探索自然規律的最大動力，就來自好奇心的驅使。

如果劉慈欣小說中的場景真的出現在地球上，我可以保證有很多天文物理學家願意為了兩個問題而放棄生命，這兩個問題就是：暗物質（dark matter）是什麼？暗能量（dark energy）是什麼？

這是當今科學界最大的兩個謎題，它們被並稱為「黑暗雙俠」。誰要是能破解其中的任何一個謎題，都足以獲得諾貝爾獎，取得與牛頓、愛因斯坦比肩的成就。這到底是什麼樣的兩個謎題呢

暗能量是當今科學界最大的兩個謎題，
它們被並稱為「黑暗雙俠」。

暗物質之謎

銀河系中一定存在著大量不發光的物質，
科學家把這些看不見但有質量的物質稱為暗物質。

我們身處的銀河系就像一個巨大的陀螺，所有的恆星都圍繞著銀河系的中心旋轉。

為什麼太陽系所有的天體都圍繞太陽旋轉呢？因為太陽的質量比其他所有天體的質量大得多。萬有引力的大小與質量有關，兩個物體的質量愈大、離得愈近，它們之間的萬有引力愈大，反之則愈小。地球之所以能繞著太陽一圈又一圈地轉，而不

飛離太陽，就是因為太陽對地球的引力牢牢地吸住地球，就好比鏈球選手甩動鏈球時牢牢抓住鏈子。如果鬆手，鏈球就飛出去了。

銀河系就像一個巨大的陀螺，所有的恆星都圍繞著銀河系的中心旋轉。如果沒有萬有引力，銀河系會分崩離析。這就好像我們用沙子做一個陀螺，並讓它旋轉起來，轉速一快，沙陀螺肯定會散開，因為沙子與沙子之間的結合力不足以提供足夠的強度。要想讓沙陀螺不散開，就得拿膠水和在沙子裡。在銀河系中，萬有引力就是膠水，這個膠水的強度決定陀螺的轉速最高能到多少。

薇拉·魯賓（Vera Rubin，1928～2016），美國天文學家，研究星系自轉速度的先驅。其知名的研究工作是發現了實際觀察的星系轉速與原先理論的預測有出入，這個現象後來被稱作星系自轉問題。

20世紀60、70年代，美國有一位叫魯賓（Vera Rubin）的女天文學家，她投入10多年的時間，仔細測量銀河系的轉動速度。結果，她驚訝地發現，銀河系似乎轉得太快了。因為，把銀河系中所有可以看見的物質全部算上，產生的萬有引力也遠遠不夠維持銀河系轉動所需要的結合力。這就像有個小孩甩起卡車，令人感到不可思議。唯一合理的解釋是，銀河系一定還存在著大量不發光的物質，這些物質的質量總和遠遠多於發光的物質。科學家把這些看不見但有質量的物質叫作暗物質。

暗物質到底是什麼呢？這個問題從20世紀末開始，吸引愈來愈多科學家研究、探索和觀測。

這就好像有個小孩令人不可思議地甩起了一輛卡車，
唯一合理的解釋就是，銀河系中一定還存在著大量不發光的暗物質。

一開始，科學家認為，這些物質應該是黑洞。黑洞就是不發光，但是有質量的天體。這個假設很快就遇到了麻煩。因為銀河系缺少的質量實在太多了，如果這麼多的質量都屬於黑洞，那麼銀河系中就應該有非常多的黑洞。可是，天文學家觀測數十年，僅在銀河系中找到十幾個可能是黑洞的天體，實在少得可憐。看來，暗物質不是黑洞。

　　又有一些科學家懷疑，暗物質是飄浮在宇宙中的粒子，這些粒子比針尖還要小幾億倍，但是它們的數量龐大，充滿宇宙每一個角落。如果真是這樣，我們每一個人都是在暗物質構成的海洋中潛水。可是，暗物質不會發出任何光線，也幾乎不與任何我們已知的物質發生作用。

　　為了尋找這種微小的暗物質粒子，科學家分成兩個探索方向，一個是上天，另一個是入地。

　　上天，就是發射暗物質探測衛星，到宇宙中尋找。全世界有很多國家都發射暗物質探測衛星。

　　入地就是到深深的地洞中尋找暗物質。為什麼要到地下呢？因為在深深的地下，厚實的岩層擋住人類已知的絕大多數粒子，這樣就能在地下獲得一個相對純淨的空間，因而更容易發現暗物質的蛛絲馬跡。

　　數十年來，無數的科學家想盡一切辦法，上天入地尋找暗物質。就好像一次大規模的、全世界科學家合作的犯罪現場調查，每一隊科學家都負責一片搜索範圍，然後一寸一寸地尋找罪犯留下的蹤跡。

　　雖然我寫這本書時，我們還沒有確定暗物質到底是什麼，但是，相信在不遠的將來，科學家一定能揭開暗物質的祕密，讓它顯出真容。

暗能量之謎

> 這個推動宇宙加速膨脹的力量，
> 被科學家稱為暗能量。

我在前面的章節講過，宇宙正在膨脹，那麼，宇宙會一直膨脹下去，還是慢慢停下來？20世紀所有科學家一致認為，宇宙膨脹的速度愈來愈慢，最終會停下來。因為萬有引力的存在，所有天體都互相吸引，當然會把膨脹的速度一點點地拖慢。這就好像你往上拋一顆球，這顆球一定愈飛愈慢，因為小球被地球的重力拉著。

於是，當時的科學家想測量一下，宇宙從誕生到今天，膨脹的速度到底減慢多少。當然，這是一個非常困難的任務。20世紀90年代，有兩個各自獨立的團隊，幾乎同時挑戰這個宇宙終極命題，其中一個團隊由美國勞倫斯伯克萊國家實驗室的波麥特（Saul Perlmutter）領銜，成員來自7個國家，總共31人，陣容強大；另一個團隊則由哈佛大學的施密特（Brian Schmidt）領銜，也是一個由20多位來自世界各地的天文學家組成的豪華

| 我們的宇宙正在加速膨脹。 |

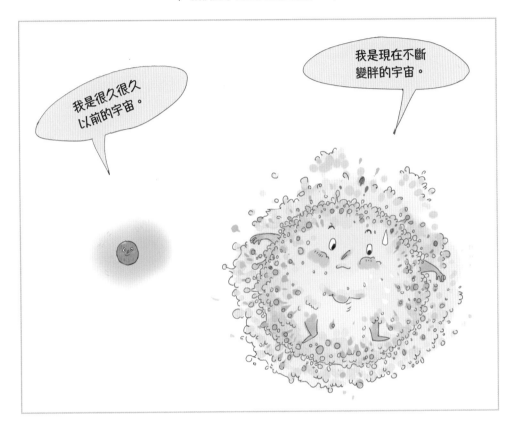

團隊。這兩個團隊開始暗中較勁,他們的目標一致,所採用的測量方法也幾乎完全一樣。

波麥特團隊的計畫叫作「超新星宇宙學計畫」(Supernova Cosmology Project),而施密特團隊的計畫叫作「高紅移超新星搜尋計畫」(High-Z Supernova Search Team),兩個計畫名稱都有「超新星」一詞,因為他們都是透過觀測超新星來測量宇宙膨脹的速率變化。

兩個研究團隊並沒有任何的交流,以保持各自資料的客觀獨立性。

科學活動有一個重要的特徵，叫作獨立性，即一個科學結論，任何人都可以獨立地得到。

隨著工作推進，這兩個獨立研究團隊愈來愈驚訝。他們研究的初衷是為了測量宇宙膨脹的減速度。可是，觀測資料累積得愈多，他們的嘴卻張得愈大，因為，宇宙的膨脹模式似乎與他們預想的完全背道而馳。

經過4年多慎重的觀測、複查、再複查後，施密特領導的高紅移超新星搜尋隊，於1998年率先公布研究結果：我們的宇宙正在加速膨脹！到了1999年，波麥特的超新星宇宙學計畫團隊也公布研究結果，在完全獨立工作的情況下，他們的研究結論與施密特團隊的結論驚人地一致。

但是，在科學上有一個全世界都認同的原則，那就是特別驚人的觀點需要特別驚人的證據，宇宙加速膨脹的這個觀點足以驚動全世界，因此，儘管兩個團隊公布所有的觀測資料和研究方法，但要讓全世界的科學家接受依然不夠。在這之後，世界各地的天文學家又大量獨立觀測、驗證，到今天為止，宇宙加速膨脹已經成為一個經得起嚴苛檢驗的事實，被全世界的科學家接受。

這個事情馬上帶來一個很大的困惑，就好比你向上拋一顆球，這顆球不是愈飛愈慢，而是愈飛愈快，你一定會想，有什麼東西在推動它飛離地球，逃脫地心引力。這個推動宇宙加速膨脹的力量被科學家叫作暗能量。

暗能量到底怎麼產生？與暗物質一樣，這個問題吸引無數科學家的目光。有一些科學家認為，暗能量是相對論中的數學需要，就好像光速不變一樣，是宇宙的一個基本公理。既然是公理，就無須問為什麼，也不需要證明。但這種解釋讓另一部分科學家很不滿意，因為人類有一種打破砂鍋

如果向上拋起一個球，這個球不是愈飛愈慢，而是愈飛愈快，
那一定是暗能量在推動它飛離地球，逃脫地心引力。

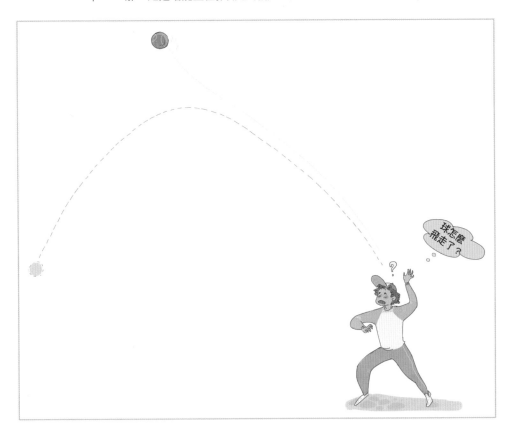

問到底的本能，凡事都希望能找到原因。

　　於是，科學家又對暗能量提出五花八門的解釋，但這些解釋無一例外，都無法得到實驗或觀測的檢驗。雖然從宇宙的尺度來看，暗能量強大無比，但是從人類掌握的實驗器材和觀測技術來說，暗能量又太微弱了。

　　暗能量的發現產生一個讓我們很焦慮的問題：宇宙會一直膨脹下去，永遠停不下來，那麼，很有可能幾百億年之後，所有的星星都遠得連看都

看不見，我們的夜空從此漆黑一片，再也沒有光明。

你可能會想，那麼遙遠的未來事情，有什麼好研究？

> 但我想說，好奇心驅動著人類文明的發展，正是這種純粹為了滿足好奇心的研究，才讓我對人類這種偉大的智慧物種充滿自豪感。

我們這種生活在銀河系邊緣、一顆毫不起眼的藍色行星上的兩足動物，在宇宙中，雖然渺小如塵埃，但我們的目光卻投向整個宇宙。

本書就要結束，最後一章，我將帶你們認識一個真正令人驚嘆的宇宙！不論將來你成為什麼樣的人，你都不會忘記本次科學之旅帶給你靈魂深處的震撼。

科學動動腦

請仔細想一想你從小到大所學到的科學知識，然後寫下最讓你感到好奇的五個問題，寄到我的電子信箱 kexueshengyin@163.com，說不定能得到我的親自解答唷。

第 10 章

令人驚嘆的宇宙

太陽系有多大？

> 「航海家1號」時速為6萬多公里，
> 即使如此，它還需要飛3～4萬年才能到恆星際空間。

這一章，我要帶你感受宇宙之大。

你有乘坐過台灣高鐵嗎？它的速度最快可以到1小時300公里，而民航客機的速度大約是1小時800公里，比台灣高鐵的速度快了2倍多。但是，如果你有乘坐高鐵和飛機的經驗，或許你會覺得，坐在飛機上反而覺得不快。這是因為，我們感受到的速度來自參照物，在天上飛，參照物離我們往往很遠。假如讓飛機貼著地面飛行，你馬上就能感受到飛機的風馳電掣了。

如果乘坐民航客機飛向月球，你會感到自己完全靜止，因為大約要飛20天才能抵達月球。美國在1977年發射的「航海家1號」探測器是人類飛行速度最快的飛行器之一，它的速度是民航客機的60多倍，每小時可以飛6萬多公里。如果乘上它，從地球出發6小時後就可以抵達月球了。

「航海家1號」探測器是人類飛行速度最快的飛行器之一，
乘上它，從地球出發6小時後就可以抵達月球。

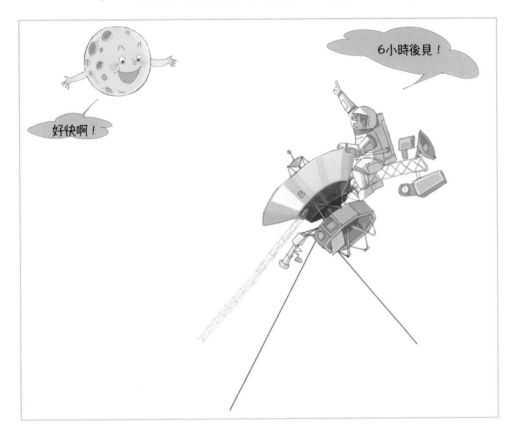

　　但是，這個速度放在宇宙中，簡直就不好意思見人。例如，地球繞日公轉的速度能達到每小時10萬8千公里。假如月亮固定在原地不動，地球以公轉速度帶著我們，不到4小時就可以飛到月球。不過，這與宇宙中最快的速度比起來，不能算是運動了。如果我們以光速飛向月球，只需要1秒鐘多一點。

　　從高鐵到飛機，再到「航海家1號」，這是我們可以理解的速度。然

而光速之快，已經超出我們的正常理解能力。可是，我卻想告訴你，真正超越我們想像的，其實是宇宙之大。

　　1977年9月5日，「航海家1號」探測器從美國的卡納維拉爾角發射升空，它的第一站是木星。「航海家1號」孤獨地飛行18個月才到達木星。在成功地考察土星和它的衛星泰坦星之後，「航海家1號」利用重力彈弓效應成功地借助土星再次加速，剛好超過第三宇宙速度一點點。所以，它能擺脫太陽的重力，飛出太陽系。然而，這趟旅程遠比你想像的還

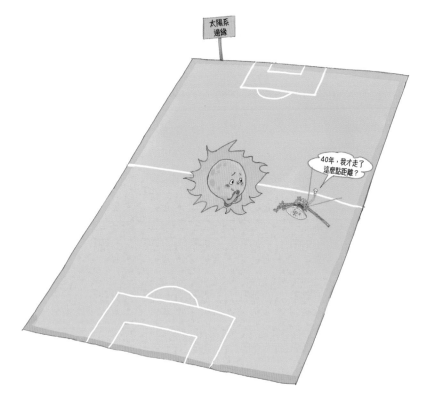

如果把太陽系縮小到一個標準足球場大小，那麼，「航海家1號」飛了40年，
只不過飛出去50公分左右，也就是一隻手臂的長度。

要漫長。就在你閱讀本書的時候，「航海家1號」正孤獨地飛行在庫伯帶的天體中，它已經飛行40多年。如果我們從它的位置回望太陽，太陽與其他恆星幾乎無法區分，那裡連太陽風都吹不到了。

但是，「航海家1號」其實連太陽系的家門口都還沒有邁出去。如果把太陽系縮小到一個標準足球場大小，那麼，「航海家1號」只不過飛出去50公分左右，也就是一隻手臂的長度。寒冷和黑暗是那裡永恆的主題。「航海家1號」在庫伯帶繼續飛行7年多，就會進入歐特雲（Oort cloud）。歐特雲包裹在太陽周圍，由難以計數的微小天體構成。它們的數量或許能達到上萬億個，從更遙遠的地方看去，就像包裹著太陽的雲團。但是你不要被「歐特雲」這個名詞誤導，由於空間的巨大，如果你擔心「航海家1號」會撞上某個小天體的話，就如同擔心全世界僅有的兩隻蚊子會相撞一般。「航海家1號」在歐特雲中還要飛三、四萬年，才能飛出太陽重力的控制範圍，來到真正的恆星際空間。那時它就像風箏斷了線，從此一頭扎向浩瀚的銀河系，再也不見蹤影。

73600年後，它才能經過離太陽系最近的一個恆星系 —— 半人馬座比鄰星（Proxima Centauri），那裡就是科幻小說《三體》中的外星文明所在地。坦白地說，7萬多年後，人類文明是否還存在都是個問題。

太陽只不過是銀河系中最微不足道的一顆普通恆星。

銀河系有多大？

銀河系直徑約15萬光年，中心厚度約1.2萬光年，
它包含了2000億到4000億顆恆星，

　　人類從抬頭仰望星空的第一天起，就注意到頭頂的銀河，那是一條橫貫天際的光帶。銀河到底是什麼呢？

　　面對壯觀的銀河，我們的祖先創造許多神話。中國人認為銀河是天上的一條大河，它隔開牛郎和織女；西方人認為銀河是神之子嗆奶，奶水灑了一路。

　　如果沒有望遠鏡，我們永遠不可能知道銀河的真相。1609年，偉大的伽利略發明第一台天文望遠鏡。千萬不要小看這個小小的圓筒，它徹底改變人類的宇宙觀。當伽利略將望遠鏡對準銀河，令他無比震驚的一幕出現了：他從原本以為是雲氣的光帶中分辨出一顆顆恆星。

　　今天，我們已經可以借助巨大的天文望遠鏡看清銀河的真相。2012年10月，歐洲南方天文台發布一張迄今為止最清晰的銀河照片，它拍攝

浩瀚的銀河。

銀河中心位置的一小塊區域，包含超過8000萬顆恆星。假如乘坐「旅行者1號」從其中的任何一顆恆星飛向另一顆，都要飛幾萬年。

在宇宙中，由於空間巨大，天文學家一般用光年表示距離。1光年就是光在1年中走過的距離，這段距離，「航海家1號」需要飛行將近2萬年，而民航客機則要飛120萬年。假如以光速從銀河系的中心出發，需要7、8萬年才能飛出銀河系。

我們已經有充分的證據表明：銀河系是一個棒旋星系，中心厚，兩邊薄，直徑約15萬光

| 伽利略發明第一台天文望遠鏡。 |

年，中心厚度約1.2萬光年。它包含2000億到4000億顆恆星。太陽系位於獵戶旋臂上 —— 是的，我們住在銀河系的郊區。

銀河系的星星實在是太多了，多到以我們目前的觀測水準，仍然數不清到底有多少顆恆星。我們隨手抓一把沙子，大約可以抓起幾億粒沙子。2000億粒沙子大約可以裝滿一個大容量的洗衣機。把每一粒沙子想成一個太陽，銀河系至少有這麼多個太陽。

在伽利略之後的300多年中，人類一直認為銀河系就是整個宇宙。90多年前，我們才發現銀河外星系。20多年前，我們才看清楚可觀測宇宙的全貌。

宇宙有多大？

全宇宙中可以被我們看到的星系，
至少超過1400億個。

大約200多年前，以赫歇爾為代表的天文學家發現星空中有很多星雲，當時的人們認為，這些是銀河系中的發光氣體雲。直到20世紀30年代，美國天文學家哈伯才用強而有力的證據，證明仙女座星系距離地球至少幾十萬光年，遠遠超出銀河系的直徑。而且，它根本不是氣體雲，它跟銀河系一樣，也是由無數恆星所組成的星系。

直到此時，天文學家才第一次知道，原來宇宙並不是只有銀河系，銀河系就像是茫茫大海中的一個島嶼，而我們只不過生活在這個島嶼上的一個普通恆星系中。在宇宙中，還有很多像銀河系一樣的島嶼，但到底是多少，天文學家爭論不休。

1990年4月24日，另一個「哈伯」被「發現號」太空梭（STS Discovery OV-103）送上距離地球559公里的近地軌道空間中。它將揭示宇宙到底有

銀河系在宇宙中，就像是茫茫大海中的一個島嶼，
而我們只不過生活在這個島嶼中的一個普通恆星系中。

多少個星系，也將永久地改變人類的宇宙觀。1995年12月18日，哈伯的鏡頭聚焦到位於大熊座的一個黑區上，這片觀測區域的大小相當於滿月的十分之一，也就是你在100公尺外看一個網球的大小，這僅僅是全天空兩千四百萬分之一的區域。在宇宙中穿行100多億年的光子，一顆顆落在哈伯極為靈敏的感光元件上，11天之後，342次曝光最終合成的圖像，給人類的宇宙觀帶來一次革命性的洗禮。

在這張被稱為「哈伯深空」（Hubble Deep Field）的照片中，一共包含

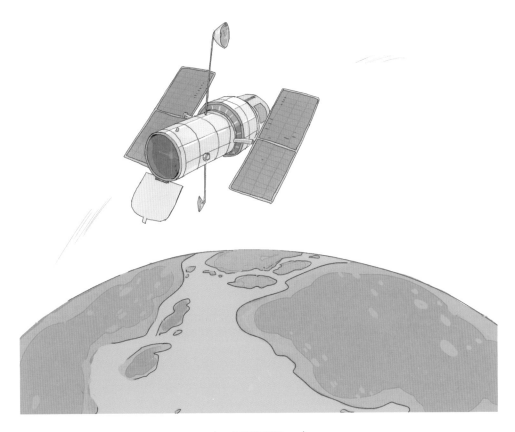

| 哈伯望遠鏡。 |

3000多個星系。後來，哈伯又先後拍攝「哈伯超深空」（Hubble Ultra Deep Field）和「哈伯極深空」（Hubble eXtreme Deep Field），在差不多同樣大小的天區中，包含超過1萬個星系。我們的觀測結果已經表明，全宇宙的星系分布非常均勻，這也意味著，全宇宙中可以被我們看到的星系至少超過1400億個。如果把這些星系中的每一個太陽都想像成一粒沙子，差不多相當於地球上所有沙子的數量。

第7章提到，宇宙就像一個正在膨脹的氣球。根據測得的宇宙膨脹速度，我們可以反推出宇宙的年齡。按照歐洲太空總署普朗克衛星2015年公布的資料，科學家計算出，宇宙的年齡大約是138億歲。

也就是說，我們所能看到最古老的光子不會超過138億歲，計算這些最古老的光子走過的距離時，要同時計算光速和宇宙膨脹速度，就好像我們在機場的電動平面扶梯上走路，計算走過的距離時，要同時計算走路的速度和電動平面扶梯的速度。

根據這個原理，科學家計算出，我們在地球上能夠觀察到的宇宙的最大半徑是460億光年，這被稱為「可觀測宇宙」。在這之外的宇宙並不是沒有星系，而是超出我們的視界，目前還無法觀測到。

比科學故事更重要的是科學精神

科學活動的目的是發現自然運行的規律，
而自然規律也可以看成是這個世界背後的真相。

　　本次科學之旅即將結束，我講了很多科學故事，也講了很多科學知識；可是，我想告訴你們，比科學故事更重要的是科學精神。或許，過不了多久，你就會忘記在書中看到的那些數字和知識，這沒有關係，也很正常，沒有人能記住所有的科學知識。但是，我希望你們能透過閱讀掌握科學精神。

　　如果用一個最簡短的句子說明什麼是科學精神，可以這樣回答你：

科學精神就是一種不找到真相誓不甘休的精神。

一切科學活動的最終目的都是發現自然運行的規律，而自然規律也可以看成這個世界背後的真相。真相往往並不容易發現，我們很容易被自己的眼睛所欺騙。例如，在本書中，你已經看到，時間並不是像我們感覺的那樣永恆不變，而光的速度也與我們日常生活中感受到的速度完全不同。發現這些真相，靠的就是科學精神。用上帝、神仙來回答各種問題，是一種最偷懶的回答，例如，人是從哪裡來的？回答：上帝或者女媧造出來；為什麼會有風雨雷電？回答：神仙變出來。這樣的回答方式，看似可以解答一切問題，其實，也沒有真正解答問題。

　　世界上還有許多問題，科學暫時解答不了，但是，這並不意謂著科學永遠也解答不了。今天解答不了的問題，明天或許就能解答。重要的是，我們要堅持用證據還原真相，用科學理解世界。除了科學，沒有其他學說能提供更好的回答。

重要的是，我們要堅持用證據還原真相，
用科學理解世界。

　　下一本書《為什麼量子不能被複製》，我將帶你們從宏大的宇宙，進入令人不可思議的微觀世界。你將看到，在那些肉眼不可見的微觀世界，與我們能感受到的宏觀世界竟是如此不同，日常生活中的一切經驗，微觀世界不再適用。我會告訴你們很多科學暫時無法解答的現象，但是，你們也會看到，科學正帶領人類一點一點地逼近真相。

想要發現宇宙萬物的真相，靠的不是上帝、神仙，而是科學精神。

快樂文化　科學圖書館 001

原來科學家這樣想 1：如果你跑得和光一樣快

作者：汪詰
繪者：龐坤
圖片授權：達志影像・Shutterstock・iStockphoto
責任編輯：李愛婷
封面設計：黃淑雅
內文版型：黃淑雅・劉丁菱
內文排版：林淑慧
校對：李宛蓁、李愛婷

出版｜快樂文化
總編輯：馮季眉
編輯：許雅筑
Facebook粉絲團：https://www.facebook.com/Happyhappybooks/

讀書共和國出版集團
社長：郭重興
發行人兼出版總監：曾大福
業務平台總經理：李雪麗
印務協理：江域平／印務主任：李孟儒
發行：遠足文化事業股份有限公司
地址：231 新北市新店區民權路108-2號9樓
客服電話：0800-221-029
網址：www.bookrep.com.tw
電郵：service@bookrep.com.tw
郵撥帳號：19504465
法律顧問：華洋法律事務所蘇文生律師

印刷：凱林印刷
初版一刷：西元2020年05月
初版四刷：西元2022年03月
定價：380 元
ISBN：978-986-95917-6-8 (平裝)
Printed in Taiwan 版權所有・翻印必究

國家圖書館出版品預行編目（CIP）資料

原來科學家這樣想1：如果你跑得和光一樣快
　　汪詰著；龐坤繪. -- 初版. -- 新北市：
　　快樂文化出版：遠足文化發行, 2020.05
　　面；　公分

　　ISBN 978-986-95917-6-8（平裝）

　1.科學 2.通俗作品

308.9　　　　　　　　　　　　　109004493

科學
圖書館
開啟孩子的視野

科學
圖書館

開啟孩子的視野

科學
圖書館

開啟孩子的視野

科學
圖書館
開啟孩子的視野